U0922001

世间万象尽眼尘
喜怒哀乐皆心火

阿谁 著

柔软的心

内省的世界

觉古书坊

当代世界出版社
THE CONTEMPORARY WORLD PRESS

目录

内省转念

生活的磨验

日常的修习

人生的际遇

心法的机变

生命的积染

认知的遮障

心识的陷阱

心念的力量

心法的关窍

境遇的无别

修学的破执

认知的破关

心疾的破见

心病的疗愈

天意的锤炼

事理的融合

省悟的实证

无悟的释然

神通的不神

幻灭的声问

内照的迥然

照见的光芒

教育的无私

文化的根脉

能知的开启

见惑的告辞

三量的明辨

清净的心地

悟空的真假

外力的添花

外求的无依

虚荣的吸粘

归真的认知

实证的必须

观法的机用

致观的质变

籁音素隐

道器并重的心性修养

（小引）

曾经仓惶于人生奔波中
在大学教过很多课，却课课不痛不痒
在江湖做过很多事，但事事不咸不淡
在学海出过两本书，然书书不愠不火
可谓“不郎不秀，不文不武，不高不低，不左不右，不三不四，不伦不类，不俗不媚，不粗不雅”

因此
在不上不下的年纪
湮灭在不咸不淡的市井中
在不饥不寒的清净中
回顾了不尴不尬的前半生
在不紧不慢的啜茶中
反省了不荣不辱的半辈子
逐渐
在“一念转则万念变”中
彻底变成了一个在锅碗瓢盆中生活的修心人
于是
在不哼不哈的直白中
写下了这不今不古的小书
希望
能够为同样曾经或正在浮躁焦灼中忙碌的人们
带来一丝寂静的清凉

直透心扉

……

“修心”

是我们不得不面对的生命主题；

风雨雷电的人生长路，需要曲而不媚的气节和风骨；

油盐酱醋的平凡生活，需要俭而不吝的精神和气魄；

阴晴圆缺的红尘旅途，需要人间烟火的平常和淡然；

所以，孔子说“质胜文则野，文胜质则史；文质彬彬，然后君子”，太讲求实用，未免粗野，太讲究形式，未免酸腐；文质兼具，才是彬彬君子之风。

天下大道，从来都是文质彬彬的，遗憾的是，我们总是在直奔主题中漠视“文中有质”，忽略“器中有道”，就像在现代工业文明的机械化效率中，让我们的生活似乎越来越缺乏“道”的气息，在貌似富足和怒放中，充满着浮躁和焦虑。

形而上的道，统领世间万物，“顺之则昌，逆之则亡”；

形而下的器，造型简约，曲线唯美，材质精细，意趣盎然，更重要的是，功能实用且方便，这就是“文质彬彬”，这才是“大国雅器”。

……

所以，这本小书，将“内观转念”的大道心法，致用于最平常的工作生活和人生实际之中，将传统文化经典、高深莫测的认知思维方法，与现实生活中的心性修养、问学参求、起心动念、事件反省、思维判断、逻辑认知、子女教育、事业规划、烦恼焦虑、选择纠结……充分结合，从心理活动、逻辑思维、认知科学等角度，自我观察、自我省视、自我觉知，希望能够提升我们自身的个人管理、情绪管理、心态管理、人生管理，期待通过学修结合，达到“一念转则万念变”的功效。

心性修养，是人生的主题，就像一呼一吸，存在于生活细节，向内观照则是其主要方式，所有纸上谈兵，都毫无用处，所以，书虽薄，但学问和见地不薄；书虽小，但胸襟和心量不小：

以转念为题，以向内省视为法，以心性修养为用；
以心为眼，借事说理，不执于象，不泥于文；
以传统文化义理为领，提升见地，开扩心量；
分享实际学修的体、用、悟，不讲知识，不谈思想；
传播天地间的大道心法，体用并济，道器并重；
但开风气不为师，传续文化解经典；
在生活的喜怒哀乐中修养心性。

只有“超越知识，超越思想”，才能进入智慧的世界，所以，这本来自心性深处的小书，以经典解读经典，以传统文化反思生命价值，在“以事见理，事理相融”的过程中，带领读者“放下执念和偏见”，一起步入智慧的世界。

为方便阅读和沟通互动，特意把这本小书做成了局部视听图书，部分作品可在抖音等平台上观看、收听、交流、互动。

最后，感谢觉古书坊的奋勇扛鼎，感谢丰子恺先生后人及其著作权代理人杨子耘先生授权刊载插画，感谢多次获得“最美的书”的知名海派书籍设计师袁银昌先生的亲力亲为，感谢出版社各位老师的挑灯夜战，感谢诸多默默出力的幕后工作者……希望我们共同的努力，能够让这本小书在中国传统文化的传承中留下不深不浅的印迹，既扶助今人，又留给后人。

漫漫人生路，缘来坐着叙。

大家好，我是阿谁。

生命的期诗：把根留住

（小序）

世界上有两种书：一种是载“道”的书，可以称之为器，有如渡人之船；一种是没有载“道”的书，可以称之为物，有如摇船之桨。

前者能够在历史的长河中自然流转，后者则往往随着时效性而“随波而逝，淹没不见”。

我努力将这本书变成前者，不论是否能在历史留下印迹，都希望能够带给大家“天地大道”的籁音，而且是——没有门户之见的“道”，因为“天下无二道，圣人不两心”，无论诸子百家，还是儒释道，都是迎接和引领我们的船，都是我们心性修养的方法和窍门，不同的人，登上不同的船，最终抵达相同的彼岸。……

书若成船，必先载道；
书若载道，必能成器。
宇宙间的最平凡的奥妙，就是“有其事必有其理，有其理必有其事”，如果我们把生命消耗在事情上，往往在理上乏善可陈，如果我们把生命消耗在道理上，往往成为“书呆子”，甚至“书油子”，不是痴执，就是油腻，无可赞颂。只有“事中见理，理中蕴事”的“事理相融”，才是我们生命应该有的期待。

就像我们渴望孩子成材，既不想其成为呆头呆脑且百无一用的穷酸书生，也不希望其成为唯利是图且薄情寡恩的狡诈小人，

“义利相融”才是生命应该有的模样。

所以：
心性修养，是生命永恒的主题；
向内观照，是修习的不二法门；
一念转则万念变，是生命破茧成蝶的痛苦和快乐。
……

孔子提到《周易》这门学问时说“洁静精微，易之教也”，闻一知十，可知世间所有的理和事，都是“洁静精微”的，尤其是心性修养。

中华文明的所有经典，不论门户派别，但凡入真知，都是在讲述相同的微言大义，就是引领我们通过向内观照、省视觉悟，实现生命的蝶变。

遗憾的是，我们总是被知识和思想所束缚，总觉得有知识、有思想是学习的增益，是教育的收获，其实，稍计功效，就会成为心性修养的遮障，陷入“金玉其外，败絮其中”的华而不实，只有“放下执着”，远离“急功近利”，才能在“道器并重，体用并济”的道路上，返璞归真。

相对于“徒有其表，虚有其实”，期待我们的生活，我们的人生，我们的国家、社会、事业、教育、人才、子孙后代……都能够在“一念转则万念变”中“随风起舞”，能够在“道器并重”

中“文质彬彬”,真正成为“文武兼济、文质彬彬”的质朴雅器，同时也把我们中国传统文化的“根脉”留住。

也希望，能够成为我们共同的期待。

大家好，我是阿谁。

颠籁：一肩挑尽古今愁

（小绪）

世界上有两类演化规律。

一类，是器质事功层面的演化规律，这方面我们一直在进化，比如科技的进步，人工智能、生物医药、航空航天、新材料、新能源……日新月异；

还有一类，是道理修养方面的演化规律，也就是体道履德的学修体悟，这方面我们却一直在退化。

这就是为什么真正看懂《易经》的人越来越少，甚至很多人都把诠释大道心法的传统文化经典，当成术数、礼数、求保佑、求福报的工具来对待，甚至还有人用来“涂脂抹粉，附庸风雅，装神弄鬼，装点门面”。

这就是二律背反。两种规律，逆向行驶。

原因就是我们的短期视野和狭隘胸怀，在趋利避害的演化中，忘记了“无用之用乃大用”。

然而，“道在器中载”，如果没有“道”的指引，我们终日的忙忙碌碌，以及越来越先进的科技，应该在哪条路上行驶，又应该朝向何处而去呢？会不会误入歧途甚至渐行渐远呢？
……

所以：

人间正道是沧桑。

因为我们在蹉跎岁月中活得颠倒，在精致利己中患得患失，在物质追求中感受喜怒哀乐，在生老病死中一味怨天尤人，在尘世奔波中梦碎执拗，在名利追逐中迷失痴狂，在临终悔恨时簌簌发抖。

心性修养，不是看不见、摸不着的抽象概念，更不是空洞悬河的嘴上功夫，而是有具体的修证层次和表现，比如“对顺境不起贪、对怖境不起恐、对嗔境不起恨”

……

所以，2500 年前的曾子在《大学》中写下“大学之道，在明明德，在亲民，在止于至善”；1800 年前的诸葛亮在《诫子书》中写下“静以修身，俭以养德”；1300 多年前的永嘉玄觉在《证道歌》中说“在欲行禅知见力，火中生莲终不坏”；1000 年前的紫阳张伯端在《悟真篇》中说“不识玄中颠倒颠，争（怎）知火里好栽莲”；800 多年前的王重阳在“活死人墓”前挂出“王害风之灵位”；700 多年前的张三丰不饰边幅而号“张邋遢”；100 多年前的南通张謇“每日菜蔬一腥一荤已不为薄”……都是在提醒我们“出淤泥而不染，经万劫而不移”，因为“苦乐相对、爱恨幻化、得失竹篮”，不必假求外力让我们“痛苦立除，厄难顿消”，只需向内观照，舍痴弃执，自然能够迴蜕根尘。

一念转则万念变。

这册载着只言片语的文字小书，是寂照含虚空的罕言寡语，是击钟除邪思的孤鸣低吟……是对人生的再反省，是对价值的再审视，重新解读生命的价值，反省活着的意义，颠覆固有的认知，所以叫“颠籁之音”，有着最质朴本初的天籁、地籁、人籁，是天地乾坤的儆醒，是吹糠见米的呐喊，是磬惊蹶然的呼唤，是天、地、人合一的天地籁音。

时轮迁流，数千年的中华历史，无数高士以投滴巨壑之心，为天地立心，为生民立命，为往圣继绝学，为万世开太平，可谓一肩挑尽古今愁……今斗胆效法，搭借数千年华夏历史、接续中华传统文脉，举绝学为刀剑，剖开物欲名利的蒙缚，剔除书卷僵滞的流弊，不惧指点，笑骂由人，只为绍隆文化，传火续灯。

一忧一喜皆心火，一枯一荣尽眼尘。
人间花草太匆匆，春未残时花已空。
草头悬露只由他，世间炎凉因梦中。
……

经史合参，以经典解读经典；
事理双融，在生活中自证实证；
回首千年，在他证旁证中引证反证；
都是颠省的手段，也是审慎的态度，更是归家的舆履。
前尘了无定，转变唯从心；
迎面看青天，谁与一般同。
……

大家好，我是阿谁。

内观转念

在最平常的工作生活和人生实际中，向内观照，自我观察、自我省视、自我觉知，不逐外境、不迷外尘、不攀外缘、不附外力，以天地间的大道心法行走于世间喧嚣，是显论，也是隐论，显隐由人。

“内观转念”，由56个主题组成，每个主题有3篇短文，共计168篇。

真的是“人善被人欺”？

很多人奇怪为什么自己一辈子都是“人善被人欺”？

老子说：“不善人者，善人之资。”

坏人的恶行，往往是资养善人的历练，如果我们经得起这样的考验，能够正视各种人心险恶，能够直面各种是非挫折，甚至能够毁誉不动、宠辱不惊、威仪不失、心境不迁，心性修养的功课就过关了。

然而，我们往往没有自己以为得那么善良，如果从眼、耳、鼻、舌、身、意的外境影像中跳脱出来，就会发现，除了被人欺，我们也会欺人，更会自欺。

南怀瑾先生说过，人一辈子只有三件事情，自欺、欺人、被人欺。

所以，“人善被人欺”，经常是自己欺骗自己的假象，是自己的嗔恨心生起之后，产生的妄念，有时是“自己欺人不果，反被人欺”的怨忿，有时是“自己怀才不遇，或者得不偿失”的矫情。

所以，《菜根谭》中说，“雪忿不若忍耻之为高”，“矫情不若直节之为真”，向内观照，提高自己的心性修养，才是逍遥自在的不二法门。

不如意与不如臆？

很多人都觉得自己活得并不如意，也常常会安慰自己“事难尽如人意”。

但是，很少有人明白为什么会有那么多的不如意！

如果我们把“意”字改为“臆”字，道理就显而易见了。

我们心中的意，大多来源于眼、耳、鼻、舌、身、意与色、声、香、味、触、法的根尘相接，在贪嗔痴慢疑的作用下，我们陷入并执着己见、偏见、谬见、狂见、痴见、枯见、诡见，在妄念纷飞中，臆想不断！

通俗地说，就好像我们去看了一场电影，由于编剧、导演和演员都很有生活阅历，所以将如梦如幻的电影情节演绎得非常逼真，引起了我们内心深处的共鸣，以至于我们在不知不觉中，下意识地按照电影情节来生活，来对待周围的人和事……

然而，并不是每个人都看过这场电影，也不是每个人都对这场电影有共鸣，更不是每个人都对这场电影有相同的认知……

事实上，每个人对人生中的角色扮演，都有自己独特的认知，每个人都按照各自心中的电影去生活，剧本、场景、演员、角色认知、人际设定、情节演绎，都不相同，可谓“各有臆想”，谁都不愿意也无从配合别人的演出，自然“事难尽如人臆”！

真的精进不已吗？

很多人都觉得自己已经很努力、很精进了。

那么，我们可以问自己三个问题：

1. 是否能够“时时向内省察”？
2. 睡梦中，是否还能如此？
3. 睡梦中，是否做得了主呢？

有句话说的是“从来不努力的人，稍微一努力就觉得自己在拼命了”。心性修养的路上，是没有止境的。

以为自己很努力，并非事实上很努力。

所以，紫柏真可说过，“梦中作得主，则临终作得主。”

如果梦中“妄念纷飞、思绪飘扬、怖畏不断、痴执狂乱”，可见仍然处于“心神不宁、患得患失、心浮气躁、忐忑焦虑”的心境之中，可知还需继续努力。

精进不已，不仅要在平时、在失意时、在烦恼时，还要在欢喜时、在得意时、在幸福时。只有“醒时常相应”，才能“梦中自相应”。

务必在日常欢喜和烦恼中取得验证，欢喜动我不得，烦恼动我不得，梦境念念不断，勘验关头，自然心不散乱；一念不生，就不会惊怖畏惧。

这就是我们人生中不得不面对的修养关隘。

不执于象

不泥于文

不迷于叶

不惑于枝

每天还要洗心？

我们每天都要刷牙、洗脸，但好像没有人告诉我们还要洗心。

甚至，我们会把“洗心革面”当成坏人悔改，都觉得自己不是坏人，似乎也就没有必要洗心了。

于是，任由贪婪、傲慢、哀怨、痴狂、多疑在心中升腾，任凭一己之见在心中执拗，总觉得自己是对的；在自以为是中，诉说自己的哀怨，评鉴别人的生活，完全看不到自己的狭隘和浅薄。

所以，商汤王在洗澡盆上刻了几个字，“苟日新，日日新，又日新”，每天洗澡时都看一看，提醒自己“不仅革面，还要洗心”。

这个故事，是曾子写在《大学》里的。有意思的是，《论语》记载的“吾日三省吾身”，也是曾子说的。

曾子的学生子思，也就是孔子的孙子孔伋，按照老师传授的洗心之法，勤于实践，写下了《中庸》，流传后世，影响数千年。

确实，常用的洗心方法，就是内观反省，所以《菜根谭》中说：“一念过差，足丧生平之善；终身检饬，难盖一事之愆。”

每天“收鱼”还是“修渔”？

“授人以鱼，不如授人以渔。”

如果我们向外苛求，会觉得这句话是要求老师的，和我们自己没什么关系。

“渔”确是可以传授的术，但是，天地间的大道心法，却不是通过言传字教能学到的，只有把工作和生活作为训练场，从自己的内心省察中实际觉知和领会体悟，才能有所收获。

所以，所谓的“学渔”，实际上还是“收鱼”，每天学过之后，既不明道体，也不知根脉，以为自己领悟了，却仍在“事境”中沉浮，在“心境”中纠结，在“狂见”中执着，在自以为是中“执象泥文，摘叶寻枝”，可谓“磨砖作镜，煎水作冰”。

如果我们反过来，反求诸己，可以把这句话理解为“收鱼不如修渔”，如此就截然不同了，“见鱼不喜，闻果不乐”，所有经典的指引，都是为了实际修证，既不拘泥文辞，也不执着门派，知悔能改，每天老老实实地走“知行合一”的路。

就像《菜根谭》中说的“修之当如凌云宝树，须假众木以撑持”。

为什么每天都那么忙？

我们每天的生活，都像《淮南子》中说的“一馈十起”，吃顿饭都电话不停甚至起身十次；又像《红楼梦》中说的“熬油费火”，甚至没有时间停下来思考；更像《菜根谭》中说的“如马如牛，听人羁络；为鹰为犬，任物鞭笞”。

进入工业文明和商品社会以后，人们活得越来越忙碌。

似乎被机器驱赶，被倒排工期追着撵，追求的是满负荷，甚至是超负荷，奔波于扩大生产，甚至是外包生产，但凡有可能，定不肯放过；于是，“事情永远追着人跑”，在量化考核的工业企业管理思维中，我们“通宵达旦，夜以继日”。这时再看刘禹锡《陋室铭》中提到的“无丝竹之乱耳，无案牍之劳形”，似乎更有感触。

但是，如果向内省察，会发现事实并非如此，我们实际上是“为欲字所累”，就像《菜根谭》所说，“若果一念清明，淡然无欲，天地也不能转动我，鬼神也不能役使我，况一切区区事物乎！”

张三丰也说过，“常使内三宝不逐物而游，外三宝不诱中而扰。”

因为，驱使我们每天忙忙碌碌的，不是机器，不是事情，不是所有事物，而是我们心中的欲念。

对顺境不起贪

对怖境不起恐

对嗔境不起恨

对逆境不起退

善感善相非善行？

很多人觉得自己善良，其实只是多愁善感。

老子说“善行无辙迹”，我们觉得这个可怜、那个悲惨，甚至对着电影掉眼泪，都只是闲愁善感，至多算心存善念，还谈不上善行，更够不上慈悲。

善感，是内心感同身受的涌动，源于心绪的共振共鸣，是虚妄的境相幻化；所以我们经常看到，善感的人也往往善变，一会儿悲叹“这条狗，好可怜”，一会儿又感慨“这条狗，不识好人心”。

所以，善感，有时是入戏太深的假戏真做，有时是自欺欺人的自我安慰。

“天道无亲”，真慈悲，既不会感怀闲愁，也不会止于同情，更不会停于善念，而是舍身济世，而且不住于相，不求回报，不炫不耀，甚至自己都不觉得这是“善行”，而是应当履行的责任和义务，更是行走人世间的意义所在。

所以，“善相无相，善行无迹，惟道是从，惟善是行”。做好事不着痕迹，以无言为善言。

如果我们只是在朋友圈中悲天悯地，却知而不行，或者像演戏一样热心公益，晒奖状、晒合影、晒招牌……表演痕迹会不会太重了呢？

所以，老子说“自伐者无功”，只有实实在在地“无我而为”，才是大慈大悲。

现实不值得屈服？

我们很容易就屈服于现实，甚至一退再退。

因为内心背负着太多的渴望、期待、规划和目标，所以把生活当作妥协的艺术，甚至为自己的屈服、妥协和逃避，打上“断舍离”的标签。

然而，如果我们放大时间和空间的心量，就会发现所谓的“现实”、自以为的“现实”、内心执着的“现实”，其实都是虚妄的欲念，是幻生幻灭的境相，是妄念飞动的意识思绪，而非真实不虚的本体实境。

其实就是我们贪着的欲念、执着的目标、期待的渴望……当欲念遇到阻碍，我们舍不得放弃，所以才会选择妥协。

世间没有什么现实，值得屈服；更没有什么失去，值得妥协；坚定地“惟道是从，惟善是行”，才是生命应该有的轨迹。

无畏和舍得，是“放得下”；

屈服和妥协，是“放不下”。

所以，不向现实屈服，不同于偏执痴狂，前者是超然物外的决绝和“放得下”，后者是被物欲羁绊的妥协和“放不下”，是截然不同的两种生活状态。

好吃得停不下来？

我们经常感觉，吃了还想吃，好吃得根本停不下来……

老子说“五味令人口爽”，如果“驰骋畋猎，令人心发狂”，就是心魔占据身心的征兆了。

不仅仅是“五味”，“五音”和“五色”也是这个道理，如果我们听歌听得停不下来，刷手机刷得停不下来，都是被心魔侵占的特征，都是沉迷于境状的表现……眼、耳、鼻、舌、身、意在驰骋畋猎，内心也在群魔乱舞、发狂不止。

所以，《中庸》说：“喜怒哀乐之未发，谓之中；发而皆中节，谓之和。”不论多么好吃、多么好看、多么好听、多么好玩、多么好笑，也不论自己多么喜欢、多么期待、多么憧憬……适可而止，止于中和，便是心性修养致用于生活实际的实证实修。

所以，老子说：“为无为，事无事，味无味。”

很多人不明白怎么可能“味无味”呢？

试想一条青年狗，看到一泡屎，觉得是美味珍馐，口水都流下来了，就嗷嗷叫着冲过去抢；但是，一条老年狗，看惯了“鸟为食亡”，明白了“此香不久驻，此物不恒远”，纵然为了果腹会吃几口，但是适可而止，不会贪恋沉迷，更不会变成“吃货”。

虽然谈何容易，但是也只有发出大勇猛心，才能不被这些尘饭涂羹所羁绊，才能将心念、心识、心愿、心行并归一处，让内心迸发出巨大的力量。

内三宝不逐物

外三宝不透中

持身涉世立命

不可随境而迁

落相也能救人？

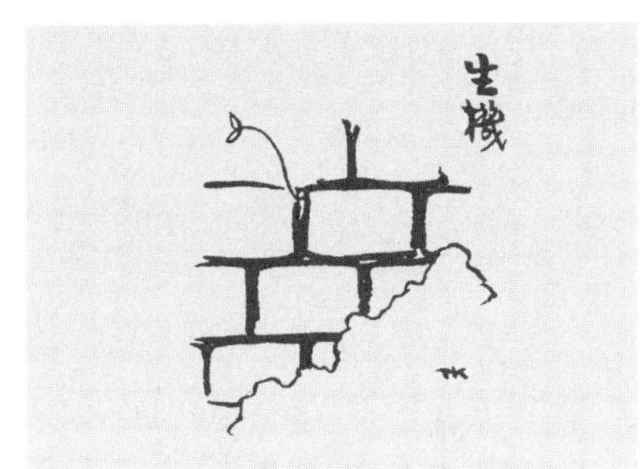

如果一个人，因为特别害怕咳嗽，而把香烟戒掉了，那么，这就是“落于求寿之相”的功劳。

害怕咳嗽，想多活几年，落于求寿之相，看似有些因贪生和眷恋尘世而摆脱了对香烟的依赖，实则却是人生修养的成果。

这就是“借假修真”的道理；

也是“应机教化”的机用。

明白这个道理，我们再看老子的“贵以身为天下，若可寄天下；爱以身为天下，若可托天下”，再看“及吾无身，吾有何患”，就会明白，洞彻究竟的天地大道，是包容万法的，因为根本没有“我”，又哪里有“我法”呢？

没有“我”，就没有“我之法”，当然也就没有“我之门”，因为处处都是门，只要一念转变，即入真门；当然，如果一念执着，那么穷年累世难入其门，这就是“万劫不复”的深意。

所以，如果我们因为“落相也能救人”就痴执于贪生求寿，贪图长命百岁，期待龟年鹤寿，甚至妄想“椿龄无尽，海屋筹添”，那就真的“万劫不复”了。

更何况，想多活几年，不是拼命做加法，而是要学会做减法，只需谨记四个字——见素抱朴，也可以通俗地理解为四个字——少思寡欲，更可以简单地解读为两个字——清心，因为“朴散则为器，器耗则易衰”。

只有向内打开自己的心性，才能明白“为道日损”的减法机用。

代号纯阳？

心性修养，可以理解为是转化负能的过程。

所以，吕洞宾号纯阳子，不是因为阴不好，而是在告诉我们“若要心清气正，就要把负能全部转化掉”。

我们常说“世上没有完美的人”，但是修心炼性，就是要转化成为“完美的人”，如果安于现状，甚至在“驰骋畋猎，令人心发狂”中自我放纵，也就不可能炼就纯阳，更别提修成正果了。

然而，需要注意的是，阴和阳，是表达天地大道的代号，没有好，也没有坏；就像热水有热水的功效，冷水有冷水的功能，不能因为我们一时需要热水，就说“热水好，冷水不好”。

如果，我们为符合大道法则的知见愿行，起个代号叫“天地间的正能”，那么，心性修养，就是要转化掉与其相对的负能，比如各种邪见、固执、贪婪、傲慢、多疑、狡诈，再比如各种妄念和恶染……转化成功，即可代号“纯阳”。

所以，代号仅仅是方便表达，就像007可以代表勇士，孙悟空可以代表能士，孔孟可以代表圣人，如果我们望文生义，就此将“纯阳”理解为“转化阴性体质为阳性体质”，就未免太“执象泥文，摘叶寻枝”了，难免陷入臆想夸诞。

所以说“凡所有相，皆是虚妄”，包括代号这个相。

更何况，阴中有阳，阳中有阴，就像“衣养万物”的，不止有自强不息的乾，还有厚德载物的坤，阴阳归位，合化而一，即名为朴，所以“乾即是坤，坤即是乾，阴就是阳，阳就是阴”，一体同观。

就像我们肉眼所见的太极图是静态的，所以有阴阳之分，但是，世间万物的太极图却是动态的，阴阳运转，相互渗透，混沌一体。

俭而不吝？

“万事留一欠，日后好相见；万物留一机，日后好相用。”

诸葛亮在《诫子书》中讲的“俭以养德”，不只有节俭省钱的意思，还有简化的机用，更有放下的修行，包括说话言简意赅、做事简单明了、时间管理卓有成效、为人处世不拖泥带水……如果能够做到清心寡欲，甚至每一口呼吸都很珍惜，就很接近天地大道了。

所以，“物尽其用”表达的是“俭以养德”的理念、精神和原则，并非让我们用到烂、耗到尽……因为，万事万物在宇宙中都各有归属，在“万物自化”的时空中，人类不是宇宙的主宰，也不必去决定万物的生命与归属。

老子说，“衣养万物而不为主”，“万物归焉而不为主”，让世间万物各归其位，才是天地大道。

所以，“俭而不吝”才是我们生活的艺术，过度的小气孤寒和过度的奢靡浪费，都不是“惟道是从”，如果烂在自己口袋里都不愿拿出来令物归其位，就更是“背道而驰”了。

法无定法

借假修真

万物自化

各归其位

外星受益人？

当我们听到“利益一切众生”，总觉得自己也是受益人。

其实并非这么简单。

世间万物，包括卵生、胎生、湿生、化生、有色、无色、有想、无想、非有想、非无想……我们人类，只是在胎生中占有一席之地而已，既非大千万物之灵，也非芸芸众生的主宰。

如果放大时间和空间的心量，“无垠苍穹，璀璨星空”中的一切生命，包括外星人乃至外星万物，也是占有一席之地的受益者。

老子说“天道无亲”，还说“天地不仁，以万物为刍狗”，天地间的大道法则，是“一视同仁”的；因为“生命无别、万物皆齐”，所以，不会对人类、地球生物、银河系生命，给予特别关照，更不会围绕其偏好改变天地间的运行法则，而是“遍洒霞光，普降甘霖”。

“利益一切”的关键词，是“一切”，而非“人类”，就像天地不会因为贪图我们的供奉，就偏袒私护我们而伤害其他生命。

在这种跨越时空的利益和关照下，我们人类并没有特殊地位，只有我们自己“惟道是从，惟善是行”，才能成为受益者之一；更重要的是，才有资格与天地对话，否则与蝇虫无异。

好斗的公鸡？

当怼人、键盘侠、网络恶行……成为常态时，我们会发现“谁火就灭谁”早已是人际社会的潜在规则，“捧杀”更早已是明争暗斗中常见的权谋手段。

其实，这是一种动物本能，源于“猴王争霸”一样的物竞天择，不是向内省察的内圣外王，而是往外扩张的欺凌霸道，所以孟子说，“以力假仁者霸”，“以德行仁者王”；当现实世界无法肆意妄为时，精力过剩，无处释放，就只有在网络这个虚拟世界为所欲为了。

这种基于抢夺和占领的动物本能，并非能力的表现，而是穷年累世的习染形成的因果往复，在不知不觉之中，在贪婪、怨恚、痴执的推动下，在好勇斗恨中驰骋畋猎，以“杀戮”为人生乐趣，却往往又以“被屠戮”为下场。

如果我们向内省视，及时感受到这种积习恶染的存在，则可以避免被其控制。

如果我们向外追逐而不自知，不仅会在妄念纷飞中迷失自我，而且很容易被恶人或外在力量所诱引、套路、唆摆和操纵！被困在修罗斗鸡场中，一生鲜血淋漓，还不自知。

所有以自赞毁他为目的的怼人，都不是行走天地大道的学思知行，更不是科学的实证精神，因为“信要正信，疑要真疑”，所有实证，都是建立在敢于否定自己的基础之上，而非“别人永远是错的，自己永远是对的”。

值得一提的是，这种不知不觉的积习，不受年龄的影响，并非只有小公鸡才好勇斗狠，年老体衰之后依然斗志昂扬。

因为，缺少一颗柔软的心。

活在当下？

很多人，都以“活在当下”为理由，或者勉强自己做一些不愿意做的事情，或者在物质世界中一步三回头。有三点认知，提醒我们不必如此：

其一，当下并非当下。

当下是转瞬即逝的，念念迁流，刹那之间，当下这一念，就已然成为过去那一念，纵然我们有心驻足，恐怕也无法停留。

其二，当下并非现实。

如果我们放大时间和空间的心量，就会发现，我们执着的“现实”，其实是虚妄，是妄念飞动的尘埃泡沫，是幻生幻灭的境相浮沤，而非真实不虚的本真；而“当下”却是时空概念，既不存在好坏得失的差别，也没有趋利避害的要求。

其三，未来就是当下。

“白云苍狗，白驹过隙”，未来的变化，刹那之间就会变成当下，所以，老子说“谋于未兆”，就是提醒我们，通过省照自己内心的变化，来改变未来，因为“一念转则万念变”，就像我们今天乃至今生的所念所愿、所思所行，都会通过日积月累的习染积淀，影响明天乃至未来的所遇所见、所经所历。

我们埋下的种子，不仅在行，还在心、在愿、在念。

所以，我们确实应该“活在当下”，但不是“向外追逐”，不是在物质世界中沉迷，而是“向内省照”，时时察觉自己的心念起伏，在心性磨练中实察实证、彻照体悟，转变自己经年累世的积习、恶染和遮障。

生命无别

万物皆齐

向内省视

谋于未兆

上智不如下愚？

很多人都喜欢谦虚地说自己“愚钝笨拙，下下愚”。

如果这是真的，反而是好事。

心水澄清，由“意识分别”而起波澜，识浪奔涌，在梦幻泡影中驰骋畋猎。

所谓的“聪明人”，大多是“意识分别”更加强烈和敏锐的人，在以假为真中更为执拗，可谓“弄小巧反成大拙”。比如，有的人，博览古今，能言善辩，引经据典，信手拈来，如数家珍；然而，却不明就里、知其然却不知其所以然，在固执己见、偏见、谬见、狂见、诡见中假装聪慧神异，实际上“执象泥文，摘叶寻枝”，以至于“信不正信，疑不真疑，混沌不分，沉浮不定”。

这种流于表面的“机敏伶俐、精致机巧”，不仅成为认知世界的悟途遮障，而且还会变成生活中的“搅屎棍”，遇事惊慌，举措失当，手忙脚乱，呼爹喊娘。

所以，“贪图捷径，投机行巧，文过饰非，弄巧呈乖”，往往落于魔境而不自知；

所以，老老实实行走天地大道，纵然步履蹒跚，曙光不现，终能“德行千里，典范后世”。

上智不如下愚，认知水平的高低，不在于利钝，而在于是否怀着一颗勇猛决绝的体道履德之心。

得鱼忘学历？

庄子说“得鱼而忘筌”，就是告诉我们，在通往彼岸的路上，不必背负着名辞、概念、表象和外缘，更不要痴迷于门户、方法、手段和过程，而是要直指心性，就像我们过河时需要坐船，上岸之后还背着船干什么呢？

然而，现代社会对学历过度推崇，导致我们习惯于背着各种头衔行走社会，尤其喜欢追求外在的过程和证书，而非真才实学。

学历，本质上就是学习经历，是经历，是过程，而非结果。

传统教育重视结果评估，现代教育强调过程控制，学历作为现代教育的产物，是学习过程的证明，而非学习结果的展示。

所以，学历和认知水平没有关系，纵然有高学历，如果不能“洞明世事、练达人情”，认知水平一样不高。

“过河需用筏，到岸不背舟。”

如果我们执着于表象虚名，热衷于头衔证书，忙碌于各种“敲门砖”，甚至在帽子上贴着学历来包装自己的认知水平，妄图凭借学历和校友圈子来攫取社会资源，就说明偷心很重了，这种偷心，恰恰就是心性修养需要去除的障碍！

所以南宋天童如净说“贼路羊肠曲，偷心虎背斑”。

我们只有“忘记曾经的辉煌，藏起耀眼的虚名”，才能够“轻装上阵，足履实地，跬步千里，日新月异”。

晕轮非实相？

我们都长期生活在金字塔型的人际架构之中。

如果遇到位高名显、财雄力大、粉丝众多的人，总是会生起几分恭敬，即便不影响吃喝，也不影响发展，还是会陪着各种小心，尽量给对方留下好印象。

这就是“晕轮效应”，我们的认知，总是随着事物的光芒而被放大几分。

然而，光耀四方的名人，不一定认知水平高，很多人失势、颓败、过气之后……都活得不伦不类、不上不下、不三不四，既谈不上胸怀和风骨，也谈不上修养和气度，更谈不上见地和心量了。

不仅仅是因为被“狗眼看人低”，更主要的是头上的晕轮消失了，本来面目浮出水面，内在的丑陋无处遮掩。

所以，我们不必看到别人的晕轮就自惭形秽，也不必看到别人的气势就妄自菲薄，内在世界往往比外在世界更加广阔、深远和悠长。

财富和地位，乃至知识和口才……往往都是心性修养的遮障，因为越是“倨傲自矜、狂妄自大，孤芳自赏，顾影自怜”，心性修养的遮障就越大。

所以，如果我们处于金字塔的头部，不必活在外在的晕轮里，而是要开启隐藏在内心深处的内在光明。

因为，身上的晕轮越少，心性修养的遮障才会越少。

老实静笃

心水澄清

足履实地

跬步千里

泥文一字误终身？

当我们因无法过河而急得抓耳挠腮时，一艘路过的船，顺便载了我们一程……如果就此对船产生依赖，甚至呆在船上放弃上岸，那就是本末倒置了。

汗牛充栋的典籍、蕴意无限的词颂、机趣盎然的话头、自有乾坤的妙喻……都是船，而非彼岸，能拿得起，也要能放得下，一旦落于言诠功勋，拘泥于文字概念，沉浸于修辞韵律，就会耽误终身。

所以，有句话说的是“识取钩头意，莫认定盘星”。

古圣先贤的言传身教，是我们“识得自心”的舟楫，是我们打开“内心光明”的灯烛，既不追求船桨的奇特，也不刻意寻求灯烛的巧妙；朴实无华，重在心性修证，不在舟楫船桨，所以关键在于“离心、意、识”，只有放下美好曼妙的感受、知觉和分别心，才能以清净的心境，看到事物的本来的面目。

“清净见实状，寂然入本体”，就像我们抬头看到大海，如果着眼于波涛起伏，专注于浮沤，就会忽视海平面下方的广阔无垠。

“天下无二道，圣人不两心”。往圣先贤，为了启迪我们的智慧，传了很多名辞，颂了很多诗句，起了很多代号，既是为了唤醒，也是为了方便称呼，如果我们痴执于此，甚至“颠倒妄想，痴狂门户，言行分隔，插旗而别”，那就是歪门邪路了。

一字之误，众祸之门，一念之殊，天差地别。

不落声问？

很多人喜欢听课，靠着“耳朵听、眼睛看、嘴巴问”来认知世界，这里听听，那里听听；这里问问，那里问问，以为“兼听则明，不耻下问”。

然而，“妄念纷飞”地听课，与“学思修证”地真操实练，有着本质区别，就像孔门七证修心法“知、止、定、静、安、虑、得”中的“虑”，是心静后的精思，而非胡思乱想。

更何况，“纸上得来终觉浅，绝知此事要躬行”，“学、思、修、证”是我们精进不已的过程和环节，如果“只是学思，不假修证”，就会落于诡言戏论，反而成为心性修养的障碍。

所以，大学问人，不落声问，不学也不问，而是更加重视在人情世事中历练，在心地修证中省彻。

比如，有的人讲课，博古通今、信手拈来、辩才无碍、滔滔不绝，可惜停留在知识的展示和口才的卖弄上；历史上独步天下的大学问人，“不落声问，不拘文辞”，很少滔滔不绝，也不会去造作概念、旁征博引，更不依赖奇技工巧，却总能在三两句话中直击要害、发人深省。

所以，我们不必痴迷于表面的语言艺术、华丽文辞和逻辑技巧，“大巧若拙”才是大学问人的特质。

更何况，大道要义的关键在于“借假修真”。

如果我们沉浸于言传字教，以偷心来博览泛观、驰骋不舍、空顽不修、玄微不证，甚至捉假为真、执拗表象，贴在脸上、穿在身上、装在口袋里，那就是背道而驰了。

心魔来袭？

当我们埋怨别人不懂感恩时，其实是自己的嗔心之魔煽风点火；

当我们指责别人妄念不止时，其实是自己的慢心之魔兴风作浪；

当我们嫌弃别人斤斤计较时，其实是自己的贪心之魔捕风捉影；

……

“向内省照”的每一步进阶提升，都伴随着心魔来袭；越近于道，心魔越盛，“无处不在，无孔不入”。

就像我们穷的时候，兜儿里没钱，既没有朋友来结交，也没有贼人来惦记；发家致富之后，朋友不期而遇，小偷也闻风而至。

这个小偷，就是我们的心魔，也是我们意念中的偷心。

道越高，魔越盛，所以说“道高一尺，魔高一丈”。

所有外在世界的存在，都是我们内心境相的投射。

向内省视，自我察觉，自我体悟，至艰至难的就是辨得真妄，当自己的道行越高，心魔也就越炽热焦灼……如果我们故步自封、随魔起舞，就会停滞不前，甚至兵败如山倒，如果能以大勇猛心披荆斩棘，过得关隘之后，就又能一日千里了。

不落声闻

不堕名相

不痴言喻

不逐功利

真的能“心想事成”？

有时，我们正在心心念念某个人，突然这个人就打电话来了；

有时，我们在大街上和陌生人眼神一交互，就心照不宣了，不需要语言和表情。

世界上，有两种力量：

一种是可思议的力量，我们能够用逻辑、科技、规律、经验，来进行分析、判断和掌握；

一种是不可思议的力量，超出我们狭隘浅薄的认知范围，虽然有时能够体会，却难以论证，更难以掌握。遗憾的是，大多数人选择存疑，甚至质疑，很少有人愿意通过思察省视和实践实证来了解和勘验。

心的力量，就属于不可思议的力量，心静到一定程度，我们的心智会被极大地激发出来，不止“静能生力”，我们心中的念、愿、信、定……都能发出不可思议的力量。

所以，心想事成，是真的可以，但是，却不是每个人都能做得到的，需要经过向内省察觉知的质朴磨砺，心性修养达到一定的境界，简单来说，就是“制心一处，铅华洗尽，心守一地，见素抱朴”。

当然，心想事成的“事”，绝非精致利己的事，而是突破小我的事，是立人利他的事，是胸怀天下的事，是利国利民的事，是无私无我的事。

《论语》记载“子不语怪力乱神”，孔子希望我们做人处事要平实，求学思证也要平实，不要靠搞怪弄奇来吸引粉丝和流量，更不要靠志怪神魔来沽名钓誉；希望后人能够“以礼载道”……而非遏制和束缚自己的心量，亦非局限于狭隘的己见和枯见，更非执着于表面的名辞和文字；只有真雕实刻地去磨砺和求证，才能冲破认知的牢笼。

为什么总是“功败垂成”？

事情即将成功的一刹那，经常会发生一些意想不到的变化，以至于功败垂成。

无论是经世事功，还是体道履德，都会遇到这种状况。

玩股票的人，每每准备获利了结但正要卖出时，却突然股价大跌……

开工厂的人，每每准备扩大生产甚至机器都上马了，却惨遭订单断崖式下跌……

谈恋爱的人，每每准备谈婚论嫁甚至请柬都设计好了，却还是劳燕分飞……

其实，这不仅仅是外在因素的作用。

外在因素始终在变，从未停止过波谲云诡，但是我们内心的承受能力却在逐渐下滑，以至于“压倒骆驼的，不是末了的那根稻草，而是我们的心魔”。

心魔，从未远离。我们在开端之时，鼓声震天、气壮山河，心魔自然无处可入，然而，历经风雨，饱经沧桑，在即将告别黑暗、迎来曙光之时，我们的身心状态也如强弩之末，心魔见缝插针、趁虚而入，内力和外力相合，自力和他力叠加，一旦扛不住的，自然就功亏一篑……

这时，只要我们心念坚定，大多能够云开雾散。

心性修养，也是这个道理，越是接近道体，心魔越盛，各种习气恶染，纷至沓来，但只要我们一念清明，不入幻相，不迷虚妄，魔境自然云消雾散。

云仙洗心勤？

有人问洗心的频率。

天气炎热时，洗澡像洗脸一样，每天都冲一冲，所以叫“冲凉”，清爽但未达肌理。

天气寒冷时，洗澡像吃大餐一样，桑拿、搓澡、洗浴，煞有介事但未及血脉。

洗心的道理也是一样。

每天洗、时时洗，“时时内省，秒秒辨妄”，能够“出淤泥而不染”，常清常净。

专门找个时间，闭关专修，系统深入、细致入微地清理清理，能够“荡污净垢”，深清深净。

然而，在我们身心未转时，头皮仍然会痒、身体依旧会脏，污垢仍然在不断产生，内心在习染的驱使下，还是会“背道而驰”，如果我们不以大勇猛心向内省照，还是无法将认知转化成智慧。

台风登陆前，眼前总是一片宁静，而且还会有白头浪涌的预警，纵然我们把握这个机会，未雨绸缪、防患未然、关门封窗、储水备货，然而，当狂风怒号、暴风骤雨、山摇地动、泥石泻流时，再充分的防台准备，都不如“提前转移”来得更加“通透彻底、逍遥自在”。

所以，只有频度和深度的共振共荡，才有可能像庄子那样“逍遥生具见”。

见素抱朴

一念清明

不入幻相

不迷虚妄

修什养么？

我们经常说修养，那么究竟要修什么，养什么？

修的是心性，养的也是心性。

自从我们的囟门闭合，意识分别就风生水起，懂得香臭美丑、得失利害……之后便在趋利避害的差别意念中，活得越来越精致利己，不仅妄念纷飞，而且贪念膨胀、嗔念飙扬、痴念疯狂、慢念奋昂、疑念游荡，以至于心地恶浊、心念散乱、心识浅薄、心智迷失、心魔乱舞，可谓“心性蒙昧，沉湎妄想”，始终摆脱不了己见、偏见、枯见、狂见、痴见的锁困。

所以，我们要在“修”的过程中，去除经年累世的积习和恶染，要在“养”的过程中培育“正心正意、正知正识、正解正念、正言正行”，能够守正笃行，便踏上大道正途了。

儒家说“存心养性”，道家说“修心炼性”，释家讲“明心见性”，“天地无二道，圣人不两心”，本质上都是心性修养的大智慧，都是在提醒我们向内观照。

所以，《菜根谭》中说“性躁心粗者，一事无成；心和气平者，百福自集”；还说“意乃心之足，防意不严，走尽邪蹊”。

只要心柔似水，自然“能利万物”，乃至“不争”，因此“天下莫能与之争”，于是“不言而善应，不召而自来”，因此“无忧”。

所以，修养一颗柔软的心，只需谨记四个字——为而不争。

见山不是山？

很多人都希望自己有一些不寻常的能力，然而，当不寻常真的来临时，却又无所适从。

在心性修养的过程中，我们的身体器官对外界变化的感受，会变得暂时不寻常。

眼睛，能够机警地察觉尘埃飞舞；

耳朵，能够清晰地听到细微响动；

鼻子，能够灵敏地嗅到气味变化；

舌头，能够敏锐地尝出食材构成；

身体，能够对外界变化作出快速响应；

意识，能够对未来作出更加准确的预测和判断，甚至“善解人意，通达人心”；

……

可谓“见山不是山，见水不是水”。

有人很开心，觉得是“进步升级、化凡成圣”的征兆；有人很惊恐，觉得是“误入歧途、走火入魔”的现象。

其实，这些暂时的不寻常和变化，并不能代表什么，仅仅是一种虚妄，就像我们的牙齿被污垢包裹久了，感应迟钝了，清洗过后就会得敏锐，遇到空气都会觉得凉飕飕的；其实，什么都没有变，只是自己的污垢减少了。

如果我们太在意这些变化，就会陷入魔境，在喜乐哀伤中颠沛沉浮，只有不再执着于感觉境相，才能在“洗心革面”中“脱胎换骨”，所以青原行思说“见山祇是山，见水祇是水”。

战胜不寻常，才是真的不寻常。

心法精要贴金术？

我们都想得到“精要”，就像武林人士都想得到“秘笈”，但是，轻易得到的东西不会珍惜，更没有“挥刀自宫”的勇气，所以，总是以“猎奇”的心态来对待，甚至以“看戏”的角色来“吃瓜”。

“精要”到手之后，既不致用，也不传播，而是束之高阁，收藏起来，偶尔在吃饭聚会的时候，吹牛聊天、抬杠争论，炫耀一下自己渊博的学识，所以算是一种“贴金术”。

不只是对待大道心法如此，对待经世致用的学问也是一样，什么都懂，什么都能聊上几句，然而，天天辨识套路却又频频踩坑，天天处心积虑却又屡屡中招……如果我们事事都是“拈取其表，不取其实”，又怎么可能摆脱尘染的吸附呢？

其实，“挥刀自宫”只是形象的比喻，就像若要肌肉须戒懒散，若要苗条须戒嘴馋……所以，我们不必在具象化的思维中，被自己患得患失的妄念吓退。但是，修习大道心法，确实需要一颗大勇猛心，否则难有功效，毕竟“有舍才有得”。

如果想把“粉饰贴金”变成“转石成金”，甚至“化知为智，转识成智”，需要在“为道日损”中真磨实炼……当我们真的踏出这一步时，就可以把大道心法的“精要”拿出来，其实只有四个字——向内省照。

去习除染

化知为智

为而不争

守柔曰强

笑骂随便你？

别人对我们的评价，总是能牵动我们内心的情绪，我们很难做到“宠辱不惊、毁誉不动，笑骂由人，心境不迁”。

就像每个小孩子都喜欢被表扬，虽然我们长大了，却始终如初，“闻赞则喜，闻毁则怒；遇得则乐，遇失则哀”。

没有内省，没有转念，也就从未长大。

如果，我们静下来想一想：无论是批评贬低，还是赞扬推崇；无论是造谣中伤，还是恭维吹捧；无论是指指点点，还是有口皆碑；似乎，都不能改变任何事实；能改变的，就是人们心中的妄想，以及我们自己的情绪。

妄念，都是追逐外境而来的水沫浮泡，幻生幻灭，今天的交口称赞，可能是明天的众口铄金，甚至积毁销骨，如果我们在这些波涛泡沫中沉浮，在这些梦幻泡影中醉溺，必然永无尽头，纵然能在碑刻上留下丰功伟绩，又能拦得住闲言碎语吗？

更何况，“空拳诳小儿、黄叶止婴啼”，石刻牌坊、竹简青史，又何尝不是哄小孩子的把戏？

只有“但行好事，莫问前程”，才是替天行道；

只有“笑骂任他，对境不动”，才是心性修养的功夫；

只有像大海那样“纳百川，有进退”，像天空一样“容万物，济苍生”，才能不被所听、所看、所想、所受牵引，才能不活在别人的评价中，才能不被妄念尘染粘附，纵然我们暂时做不到“赞毁无别”，至少也不必“随波逐浪”，更不必“心被境迁”。

喜舍即解套？

大多数人，在生命中，都是以苦集灭道的“集”为主题，总想把一切都抓在手里、揽在怀里，抱得紧紧的，包括功名利禄、荣华富贵、子孙亲朋……于是在“追功逐利”中变得焦虑，在“急功近利”中变得浮躁。

然而，各种所谓的“得到”，其实也是“被套”，就像我们得到了“功与名”，却也已然骑虎难下，纵然明白“荣宠旁边辱等待”，纵然懂得“蛾扑火，火焦蛾”，却也难以抽身，等到“鹬蚌相持，兔犬共毙”，后悔已晚。

所以，心性修养就是要放下，放下就是喜舍，喜舍就是不断解套，过程中虽然夹杂着痛苦和艰辛，但是终究像喝茶一样回甘无穷。

然而，“有人星夜赶考，有人天明辞官”，在大多数人眼里，这种悲欣交集的解套，变成了痛苦的舍弃，乃至有如痛彻剥肤的割断，甚至类似于“挥刀自宫”。

所以，同一行为，在不同人的眼里，有着截然不同的解读，如果我们坚持精进不已，就不能活在别人的眼光里，只有“去妄存真”，才能“复归其根”。

“喜舍即解套，解套需喜舍”，这道理就像“得中有失，失中有得”，如果我们能够主动掌控得失，自然不需要哀伤悲凄之后的安抚和宽慰。

如理，即能实见。

一定要有职业？

人一定要有价值，但是不一定要有职业。

农业社会，独立作业，靠天吃饭，更容易懂得天地的博大，以及自己的渺小。

现代社会，团队作业，靠人吃饭，靠平台撑持，因此不得不寻觅依托，不仅有收入焦虑，还有职业焦虑，很多人纵然衣食无忧，还是会为自己乃至儿女，谋求职业依托，为生存，为发展，也为社交，更为了心里踏实。

然而，美好的期待，却大多沦为蝇争蚁逐，为了挣得安身立命的工资，便像《菜根谭》中所说“如马如牛，听人羁络；为鹰为犬，任物鞭答”，因此，很难培养出超然物外的千古高士。

“职业是手段，而非目标。”

如果能够为社会作出贡献，甚至帮助更多的人，也有利于发挥人生价值，那不妨鞠躬尽瘁；如果仅仅是混碗饭吃，甚至让我们的人生境界越来越沦陷，“蝇营狗苟，驱去复还”，那又意义何在？

更何况，糊口的方式，不只是通过职业挣几两碎银。

我们活着的目标，是自利利他、济世助人，不论财富存粮有多少，都不应该让职业和饭碗控制住人生。

更没有必要让所谓的理想，包裹膨胀的私欲，所以王重阳说，“虽骋一时之俊，终亏万代之业”。

空拳诳小儿

黄叶止婴啼

笑骂任随他

对境须不动

家学自学出高士？

现代化的大学，在中国只有一百多年历史，是随着工业发展和社会化大分工而舶来的教育模式，其创立和发展，也是按照西学的学科划分和管理方式。

那么，一百多年前的古圣先贤，又是怎么培养出来的呢？

那些仅仅读过私塾的历代大儒和世外高人，又是如何“化知为智，转凡成圣”的呢？

要么家学，要么自学，要么“家学＋自学”，看似孱弱的教育体系，却能发挥出强大的力量和光芒。

因为，教育的功能在于启迪和唤醒，而非塑造。

所以说“不痴不聋，不做家翁”。

当然，如果有明师引导，还有浩瀚的图书馆，那就更好了。

遗憾的是，现代教育体系下，很多家长只知道花钱、交钱，参加各种培训，不仅家学荡然无存，自学和自修能力也日渐蜕化，甚至在知识的包裹中自以为是、自命不凡，距离“世事洞明、人情练达”，越来越远。

只有不断启迪“自性本心”，唤醒“自动能知”，才能发动“心的力量”，才有可能培养出彪炳史册的千古高士。

人格教育道器并重？

无用之用乃大用。

教育的目标，是培养“胸怀天下，经纶济世”的人。

重中之重就是人格教育，至于职业培训，只是终身学习过程中的“小有所得”和“附带成果”，不需要刻意追求，因为“道之所至，器必随之”，如果“器”没有随之而来，不是因为“道”不行，而是因为“人”不行，是人“学道不精，履道不德”。

中国近代历史的屈辱，就源于此。

所以，我们不能把历史屈辱丢给“道”去承担，更不能因此把“器”拿出来占据“道”的位置，只有“道器并重”，才能“体用并济”。

学历，只是阶段性的学习经历证明。

在中国历史上，从来都是终身学习，而且始终是残酷的结果导向，而非细密的过程导向，虽然略显无情，但是也磨炼了无数志士仁人。

所以，无论是作为阶段性学习经历证明的学历，还是作为经验和过程证明的职称和头衔，在结果导向的中国教育历史上，并没有很大意义，纵然在现代社会，也大多只能起到“敲门砖”的作用。

因为，经历和过程，从来都是手段，而非目标。

真有学问吗？

历史上的圣贤高士，不乏出身于粗人莽汉、庶民草野、行伍武夫。

一念变则万变，所以“英雄不问出处，智慧不看缘由”。

现代教育，之所以那么重视过程控制，不再是传统教育的结果评估，就是基于“性本恶”的人性假设，即不能轻易相信任何人，似乎只要有可能，就一定会弄虚作假、吹牛贴金，甚至沽名钓誉。

然而，学校也是由人组成的，无论是课程还是学分，都是由人来评定的，如果我们不能相信一个人，又怎么能相信一群人呢？

如果，学历成为人才的必备条件，那么历史上就不会有大德高士了。

如果，“学历大于学问”，至少出现三种“欺”：

首先是自欺，“虽然有学历，但是真的有学问吗，真的能‘世事洞明，人情练达’吗？”

然后是欺人，“先欺自己，再欺世人，算不算欺世盗名？是不是偷心太重？”

最后是被人欺，“在越来越量化管理的过程控制下，是不是被学分和证书牵着鼻子走？”

混一个学历，弄几个证书，表面上，是“为学日益”的增益，却往往令我们在急功近利中活得精致利己，不仅忘记了“为道日损”，更湮灭了“大义初心”和“内在光明”。

唤醒能知

道器并重

胸怀天下

经纶济世

“己见”误万世？

什么是己见？

比方说，可怕的疫情来了，很多外国人却不愿意戴口罩，执着于自身知识、经验和习惯累积而成的看法和见解，于是陷于身见。

所以，己见就是局限于自身经验教训而形成的认知。

其实，己见不一定是错误的，甚至在某些情况下是宝贵的，但是却具有挥之不去的狭隘性和局限性，所以，“难免有”但是“不可执着”。

固执于己见的人，对于自己看不到、缺乏认知或者没有亲身感受的事物，常常会质疑甚至否定，然而等到感同身受时，却又为时已晚。

如果不突破身见、冲破己见，在经年累世中行走的生命旅程，都只是简单重复，没有提升。

破除身见的方法有很多，大部分人会选择从认知方式、思维模式、逻辑运转等方面，进行自我提升，然而，穿彻通透而且吹糠见米的方法，其实是保持一颗柔软的心。

至柔至软的心，恰如上善若水，可以做到“无缘之慈，同体之悲；无名之援，无故之助”，以天下人心为心，以万物之体为体，无我无身，哪里还会有什么我见、身见、己见呢？

“骄慢”弥难消？

南怀瑾先生说过“人类之于地球，等于跳蚤之于人类”。

可笑的是，我们这个跳蚤，却非常自以为是，总觉得自己能通天彻地，实际上，不过是夜郎自大。

不仅如此，骄横傲睨、自高自大，侮慢他人，始终贯穿我们的一生；博士瞧不起硕士，硕士瞧不起学士；市区瞧不起郊区，郊区瞧不起农村；就更别提区域歧视、年龄歧视和性别歧视了。

之所以叫“骄慢”，就是因为“一切诸慢，凡慢有我，有我必骄，凡骄必败”。

当我们起贪心、怒心、怨心、痴心、妒心、疑心、偏心……还有喘气休息的时候，“骄慢”都无时不在，哪怕自己落魄到无立锥之地，也要遥想一下当年的风光无限，纵然蹲在街头卖黄瓜，也要显摆一下自己顶花带刺的新鲜……总之，无论居于何处，都要拉几个不如自己的踩一踩，像打地鼠一样偷着乐。

殊不知，骄心慢心一起，便推倒了多米诺骨牌，“自己搬起石头，砸向自己的脚”，势必遭人轻慢侮辱，与其到那时“忿忿然却不知因由”，不如“意念常真，空谷常虚”。

“怒火”何其毒？

“怒心一念起，百般焦躁生。”

无论是路怒、骂孩子，还是随口发牢骚，事后都会让我们懊悔不已，因为，怒火和焦躁，犹如百叶重叠障目，令我们暗室不见。

但是，当我们买东西遇到缺斤少两，辛苦付出却被家人指责，工作成果又被同事鸠占鹊巢时，又难免生起嗔心。

这些怒、恨、恚、嗔、恼、愤、懑、忿、怨、怼……都是世间至毒！

就像在心中装了一个炉火，无论是大火、小火，还是猛火、文火，都能把我们的心煎炒烹炸，直至化成焦炭黑灰。

更可怕的是，在我们临终之时，怨恼嗔怒，往往被痛苦瞬间点燃，纵有一世功劳，也常常毁之一炬。

所以说“一念嗔心起，百万障门开；一念柔心软，瞬间愁云散”。

嗔毒，难化难解，即使有心压制，一旦遇到心情不好、肚子饥饿、际遇悲怆，很容易就风煽火起，而且是红孩儿的三昧真火，水灭无效，劝说无果。

难以察觉的是，此毒总是如影随形，比如，“是非心太分明”就是嗔毒！

因为“是中有非，非中有是”，何况我们心中的是非，并非天地间的是非，所以，以是非对错来发起恼恚和怪责，大多都是借题发挥，通过迁怒他人来释放自己的怨气。

所以，在生起嗔怒之际，我们不妨向内省照一下自己曾经的所作所为，比如是否使用过盗版？是否迁怒过家人？是否占过同事的小便宜？再想一想世人的艰难和困苦……或许会有所助益。

其实，保持一颗柔软的心，就是消嗔解毒的良药，只是“知易行难”，没有向内省视的长期修证，又怎么能做得到呢？

以天下人心为心

以万物之体为体

以无缘之慈为善

以同体之悲为良

疾从哪里来？

生命中的病痛，大多来源于三个方面：

一是心病。

比如“贪心重，伤心脏；嗔心重，伤肝脏”。

当然，贪心重，不仅仅指欲取欲得，还包括焦虑遗憾、悲痛忧伤、患得患失、牵挂思念。

嗔心重，则包括一点就着的暴怒、稍看不惯就来的发飙、受点委屈就生起的报复。

其实，《黄帝内经》讲的“怒伤肝、喜伤心、忧伤肺、思伤脾、恐伤肾”，归根结底，都是心病！

二是习病。

老子说“五色令人目盲，五音令人耳聋，五味令人口爽”，我们为了追求爽快痛快而养成了诸多恶习，终日“驰骋畋猎”，难免在“心发狂”中落于病痛，所以，习病，本质上也是心病！

三是行病。

就是我们经年累世的所作所为，包括行为、语言、意念，不断积累和沉淀，从量变到质变，给我们的身体带来难以修复的伤害，比如隔三差五就熬夜，时不时就暴饮暴食，动不动就生气发飙……这些行为的背后，仍是心神、情绪、欲念的失衡，所以，行病本质上也是心病。

心病、习病和行病，都不好治，转念、转识、转身、转心……都需要一个缓慢的过程，更需要付出非常的大勇猛心，一丝一毫地转习、离染、转行、退毒……才有可能看到效果。

修心能治疾？

修心能治病吗？回答是肯定的！

不仅能治病，更重要的是能治于未病。

南怀瑾先生说过“见地、修证、行愿，三位一体，同等重要”，如果我们能够如理实践，就会发现这三件事情，其实都能治病。

提升见地，可不惑于尘染境相，心地清净，心境平和，“出淤泥而不染，濯清涟而不妖”，所以能够减少由心而生的病。

修证，可保身心不外驰，不会在酒色财气的贪欲放纵中“驰骋畋猎，令人心发狂”，所以能够减少由习而生的病。

行愿，就是“但行好事，莫问前程”，“生而不有，长而不宰，为而不恃”，只要“果熟不有、花开不占”，自然“功成弗居，是以不去”；

没有患得患失的烦恼，

没有瞻前顾后的忧虑，

没有锱铢必较的焦灼，

没有睚眦必报的愤懑，

所以，神清气爽，能够一丝一毫地净化自己的行为，自然能够减少由行而生的病。

向内省觉，本质上就是修心，就是清退心中的贪婪、怒怨、痴执、骄慢、忧疑，清洗经年累世养成的积习和恶染，所以，一定能治病，但是效果如何，取决于自己的见地、心量和精进的程度。

因为，不管我们如何爱护物品，器物始终在损毁；不管我们如何爱惜身体，这个肉体凡胎始终在衰老。这就是娑婆世界的基本特征。

靠什么祛患？

所有身心修养的手段，指向的靶心，都是心性。

古圣先贤用自己的实证、实修积累了很多经验教训，从而形成了各种方法和窍门。

比如，一呼一吸，能够让我们快速进入心平气和的状态，假若我们在暴怒前，能够通过调整呼吸，让自己心平气和，自然可以减少对肝脏和心脑血管的损害。

当然，在中华传统文化中，不仅观呼吸，还有持念、止观、止语、观白骨、省身、慎独，等等。

像易筋经、洗髓经、太极、混元桩、五禽戏等功法，则是直接从身体入手，以身调心，来达到神清气正，乃至精、气、神内敛的目的。

打坐的功效，就更是难以言喻了，只有“静”到一定程度，才能“净”到一定境界，只有通过“定”来收摄心的散乱，然后才有恍然地梦醒，乃至幡然地洞彻光明，随后而来的，才是智慧的打开，以及身轻如燕的仙风道骨。

甚至，书法、绘画、抚琴、喝茶、熏香……都有辅助疗效。

上述种种，其实都是通过向内省觉来发挥作用的，尤其难以思议的是，保持一颗柔软的心，本身就是疗愈病痛的良药，如果我们像大海那样“容纳百川”，像天空一样“虚容万物”，时时想着济世渡人，以虚藏舒悦的清念，退逐暗自贪算的浊念，身心状态自然“轻安自在”。

所以，庄子说“乐出虚，蒸成菌”。

清心寡欲

不痴命寿

但行好事

莫问前程

为什么很少人用修心来治疾？

为什么很少人用修心来治疾？

有三个原因：

一是信力下降了。

历史上，修心本身就是治病的手段之一，然而，随着现代科技和医药发展，我们越来越局限于“身见”，对于“看得到、摸得着、听得懂、想得通”的事理，更为执着，局限于自身狭隘的知识和见解，在半信半疑中失去了信力。

二是修心的功夫下降了。

所有修证的方法，都是需要实践实证的，如果“理通，事不通”，就像“气通，血不通”，如果我们“取其形，去其实”，打坐像熬腿，练功像演戏，做好事像沽名钓誉，既没有“止”，也没有“静”，玩什么都是“不明义理，虚有其表”。没有实证的功夫，又怎么会有成果呢？浪费时间不说，还埋怨门径线路不对，岂不是“手不溜，怨袄袖”？

通俗地说，如果只是流于表面形式，一边熬腿，一边妄念纷飞，自然“如水投石，丝毫不入”，关键在于内在状态，只有“外息诸缘，内心无喘”，才能“身心寂净，水到渠成”。

三是探索的勇气和精神下降了。

如果我们如法实践，精进不已，很可能事半功倍，但也可能因为缺乏正确引导而误入歧途；只有敢于独步天下，不怕摔倒啃泥，勇于探索求证，才有可能摸索出一套符合自己的方法体系。

科学的精神是“信要正信，疑要真疑”，如果我们在患得患失中彷徨犹豫，东边看看，西边问问，在无助中丧失了果敢、坚定和勇猛，自然是白费气力。

真的能吹糠见米？

人生的天花板，不是知识、学识、才识，也不是相识、认识、赏识……而是心识。

由心而生的病，需要心药才能除根，而心药只能自己熬制，外力无所依。

由习而生的病，需要自己改变自己的习气才能除根，金石汤药等外力，纵然治得了标，也难以治本。

由行而生的病，往往甚是棘手，经年累世的积习恶行，往复淤淀，沉塞滞涩，需要我们在日常生活中一丝一毫地转变和净化。

不管哪种病，积重难返，都是自食苦果。

是否能够“马到功成，旗开得胜”，不在于药食，也不在于方法，更不在于外力，关键在于自己的决绝、勇猛和功夫。

如果能够以“但行好事，莫问前程”的大勇猛心一往直前，心量自然放大；

如果能够在起心动念中向内省照，实实在在地洗心革面，心地自然清净。

反之亦然，如果像做生意一样，盘算着用时间、精力和“买路钱”，换取不切实际的愿望，那么就像《菜根谭》中说的“稍计功效，便落尘情”，一旦不能得偿所愿，就愤怒地将正确的方法妖魔化，正可谓“不可救药”。

其实，不是方法不达，而是我们自己“力有不逮”。

雨邑清尘柳色新，

难醒宿醉梦酣人；

日上三竿头欲裂，

嗔怨路过好心郎。

转化身体有多难？

我们这个血肉身躯，一旦有沉疴旧疾，非常难以转化，纵然对症落药，却也大多为时已晚，因此“可望不可及”。

所以，病痛缠身是人生常态，如果就此认为修心无用，那么不免心量狭隘了，因为，修心犹如剥茧抽丝，需要经年累世的精进不已。

平常听说或看到的“躯身不腐不烂”，还不是完全的转化，而是心性成就的附带作用，或者说是标志或证明；完全的转化，指的是即身成就，比如羽化飞升、虹光而去，可谓“散而为气，聚而成形”，千百年中，也不知道有没有一个人能够实现。

如果过度痴迷于身体的转化，过分执着于摄生保命，很容易在急功近利中误入歧途，因为“但凡焦躁，必有遮蔽”。

这副皮囊肉壳，仅仅是生命的物质，是过河的“船”而已，登船过河的目的是“上岸”，航行的目标是“彼岸”，而不是执着于这艘船。

所以，如果在修心的过程中，实现了“船坚舵利”，不必得意忘形，因为，那只是小有所得，并非远方的目标。

当然，冰冻三尺非一日之寒，“拔丁抽楔”虽然难，却并非不可能。

更何况，治于未病，是我们一般人都可以通过努力来实现的。

因此，看到别人“太极、站桩、保温杯；喝茶、写字、广场舞”，不必抨击和驳斥，更不必指责人家“沉迷寿相，蒸沙做饭”，因为，无论走哪条路，只要勤学实练，终究殊途同归，那就是——精、气、神的融会贯通。

煮饭不放米

行船不摇橹

内心无喘时

功到自然成

呼吸有大道？

山河大地，日月星辰，乃至天地大道，尽在一呼一吸之中。

呼吸中有大学问，所以，几乎所有的修心方法，都有呼吸的机窍。

从生活层面讲，有调息，如果“息不涩不滑”，则“身不宽不急”；

从技术层面讲，有数息、随息、止息、观息、还息、净息，也就是陈隋年间天台智者大师的六妙门；当然，呼吸不一定仅仅通过口鼻吐纳，当我们的身体这个小宇宙能够与大自然进行完全充分的能量交换时，“神气相守，息息相依”，在返璞归真的过程中，能够逐渐进入道家文化中的“胎息”“混元息”的境界。

从原理层面讲，如果我们能从呼吸中体会天地间资源的有限利用，就能明白生命长短的基本原理。对于有限的资源，如果恣肆任性，消耗殆尽，寿命自然短暂，如果珍惜利用，甚至每一次呼吸都很珍惜，寿命自然长久，所以王重阳说“味绝灵泉自降，气定真息日长”。当然，长短都是相对的，生命的意义并不在于寿命，而在于贡献。

从人生层面讲，对待世间的一切，包括功名利禄，都能从呼吸中找到大道法则，就像我们不可能“只吸气不出气”，金玉财货也不可能“只入不出”，纵然“大口吸气，小口出气”，也并不会让有限的肺无限膨胀。

这就是人生小术与天地大道，不仅一呼一吸，世间万物，尽在大道之中，所以张三丰说“调息不难，学道甚难，传道亦不易”。

观呼吸，既是生活中“心平气和”的实用技法，也是“向内省照”的入门通道，更是“修证大道”的门径线路。

素食蕴机理？

有人问，自己一向食素，为什么不见功效？

那么首先要问自己为什么要食素？

如果鹦鹉学舌，不明所以，效果自然一般；

如果一边食素，一边杀念不断，好勇斗狠，铁石心肠，毫无柔容之心，效果自然一般；

如果一边食素，一边贪念不止，不仅妄念纷飞，还天天想着夺人兴己，效果自然一般；

如果一边食素，一边哀怨不停，见地不明，心量狭隘，终日觉得自己“吃了天大的亏”，效果自然一般；

食素，既能培养我们的柔软包容之心，也能避免我们在“五味令人口爽”中“驰骋畋猎，令人心发狂”，还能减少我们破坏大自然的恶行，避免我们“再造新殃”。

但是，正确的方法，在不同人的身上，却有着不同的效果。

因为，行为控制的目的是戒止内心，如果内心不戒不止，机械的行为只能是“枯痴苦执云遮月”。

舍，不是少，不是减损，而是多，是增益，是“借少修多”，少的是妄念尘染,多的是“心清气正”,如果我们一边忙着“舍”，一边想着“多”、想着“得”……那岂不是用贪心来做生意，如此贪图和算计，又怎么会有功效呢？

所以,《菜根谭》中说“稍计功效，便落尘情”。

心念藏力量？

小时候都听过“动物过河”的故事，面前有一条大河，有三个动物大象、兔子、鱼，谁能到达彼岸呢?

其实，只有大象能够“截流而过”，而不是鱼，不是兔子，这是为什么呢?

有三个原因：

一是大象身躯高大，脚踩至底，不像兔子一样“入水却不至底，漂浮却不得渡”，漂浮不定；

二是大象气力巨大，孔武勇猛，能抵御河流的冲力，不像鱼一样“会水却没有方向，善游却无力截流”，随波逐流；

三是大象心念决绝，态度坚定，不会留恋水的温柔。

很多人，像兔子一样，虽然下水了，奋力向前却总是被逆流阻隔；

很多人，像鱼一样，虽然善于游泳，却总是被潜流带走而无法上岸；

很多人，不仅缺乏大象的身形和力量，关键在于缺少心中的勇猛和决绝。

我们的心念，在尘世的浸染中不断产生泥垢，言语和行为也都在不停地划拉翻腾，妄念纷飞，积习难改，恶行不断，一直拉着我们朝着河底下坠。

只有心念坚定、壁影功深，切实做到大象的勇猛和决绝，才能抵御河水的温柔，更重要的是，只有心念柔软包容，才能拥有高大身躯和孔武力量。

如果只是流于外在形式，用功不深，用心不专，用念不正，那就像装了垃圾生产器，不停地清理，却不停地产生新的污垢，形成新的涡流，继而越陷越深。

“无疑才无滞”。只有平实地向内省照，以大勇猛之心斩草除根，才能成为过河的大象。

神气相守

息息相依

返璞归真

功在自然

握固：老子“无为之为”的机用叮嘱？

婴儿的手，出生时就抓得紧紧的，掰都掰不开，在道家文化中叫“握固”，也就是老子讲的“骨弱筋柔而握固”。

长大后，纵然“用力过猛”，却也“收效甚微”，甚至“适得其反”，无数后人勤修苦习却“永远在模仿，始终未超越”。

“握固”和“胎息”有着异曲同工之妙。婴儿貌似无力，却有“无力之力”。理解了这个道理，就很容易明白什么是“无为之为”和“无事之事”。

“为无为”和“事无事”，给人的感觉，貌似“不管不问、置身事外”，然而，这不仅不是消极避世，反而是“以出世之心入世”，为而不恃、功成弗居、果熟不有、花开不占，比“为有为”和“事有事”要高明而且艰难。

有了这样的见地和心量，再加上后天的修为，逐渐达到“精之至也”，自然能够开启“无力之力”，也就是老子讲的“终日号而不嗄，和之至也”，通俗地说，就是整日哭喊，嗓子却从不嘶哑。

这就是为什么有些高人，看上去弱不禁风，行走时却健步如飞，登山时更是如履平地。

这也是为什么我们一生都致力于“苦集灭道”的“集”，什么都想抓，却什么也抓不住。

这也是为什么我们的手，拼尽全力却“越握越松”，临终之际更是“撒手”人寰！

蒸成菌：庄子“无中生有”的密法传承？

当我们“身心愉悦、神清气爽”时，心量会放大，做家务不累，干工作不苦；吃得少却力壮如牛，睡得少却精力充沛；就算被人骂了，也能主动沟通，排解矛盾。

这就是道家文化中的“精满不思淫，气满不思食，神满不思睡”。

所以，庄子说“乐出虚，蒸成菌”。

这句话，不仅有“无中生有”的奥秘，还有“逍遥自在”的机用，更有“逍遥生具见”的玄微。

大雨过后，阴暗潮湿，闷热不透，温度和湿度达到一定条件，各种菌草自然生机盎然，可谓“由蒸成菌”，这就是自然界中的“无中生有”。

我们喜怒哀乐的情绪，就像环境中的温度和湿度，培育了不同的心境。

当情绪不好时，心境嗔怨痴蛮、乖张任性，嘴里嘟嘟囔囔，如咸鱼翻白眼，垂头丧气耷拉脸，看谁都觉得不顺眼，总觉得谁都在和自己作对！于是，外境向内折射，事事不顺，恶性循环，周而复始。

如果情绪“如如不动”，心境则“轻安舒悦”，心量则“虚藏万物”，就算被人阴险算计、挖坑套路、罗网忽悠……也不会斤斤计较，长此以往，不仅能“转危为安，因祸得福”，甚至能“毁誉不动，宠辱不惊”。

这就是庄子“乐出虚”的密法，既有“无中生有”，也有“妙有成空”。

沉浸物欲，则“物能转心”，心境和欲念，随着荣辱得失而波澜起伏；

超然物外，则“心能转物”，不仅“道自来居”，甚至外在环境都会随之发生意想不到的变化。

心与物的关系？

心和物的关系，是非常微妙玄奥的。

比如天气炎热，想吃冰激凌，纵然有怕胖、怕凉、怕甜的顾虑，暂时放下念头，但欲念缠绕，始终挥之不去，一旦看到别人吃，想吃的念头，反扑得更加猛烈。

如果顺势而为，买来放进冰箱，心想“天气再热，就拿出来吃掉……”，这种拥有，带来了踏实感，纵然天气又热，想吃的欲念，也并不会被放大，偶尔看到别人吃得痛快淋漓，心中又想“有什么了不起的，我自己也有……”，居然不会馋涎欲滴！

这时再看心和物的关系，这个“似有实无”的冰激凌，拥有但并没有吃掉，但是自己的心境，却因此发生变化，以至于嘴馋的贪图，竟然降低了。

那么，是什么改变了我们的心境呢？

是这个物改变了我们的心？

还是我们的心改变了自己的心？

……

这就是“望梅止渴”的同理。

拥有却不吃，是老子“无为之为”的机效，也是“握固”的妙用；

没吃却不馋，是庄子“无中生有”的机效，也是“乐出虚”的妙用。

其实，房子、车子、票子、名利、地位……都是这个道理，只要稍微转向，念头向内，就会发现世界立刻变得与众不同。

这时再看“心外无物”“心能转物”“心物一元”的妙喻直指，就会逐渐豁然开朗。

比如：

心绪不宁时，手握茶杯，颤抖不稳，如果手是物，那么这算不算“心能转物”呢？

如果“啪嗒”一声，茶杯摔烂了，那么这是不是“心能转物”呢？

心物一元

大机大用

无中生有

有复归无

寿比南山不老松？

老子说“以其不自生，故能长生”，于是，很多人就想学习长生密法。

殊不知，老子说的是“死而不亡者寿”，而非“不死者寿”，就是要提醒我们不要执着于这个“齿会落，面会皱”的血肉之躯。

所有痴迷和执着，都非智慧，因为，但凡有痴执，就会陷入身见，随之而来的就是枯见、边见、偏见、邪见，以至于每时每刻都妄念纷飞。“世间事物，尽为心上浮尘”，等到我们“发苍苍而视茫茫”，再悲叹“百代过客，浮生若梦”，恐怕为时已晚。

只有破除对这个皮囊的执着，不迷功名利禄，不痴情感己见，才能透彻老子讲的“没身不殆”，才能醒悟立德大儒的“没身而已”。

当然，为了到达彼岸，我们需要一艘船来渡河，这个筋骨躯身，就是渡河的船。

如果不加以关照，船笨行慢，甚至船漏进水，就会影响渡河；

如果执着于这艘船，忘记了彼岸，甚至把船这个“假我”当成“真我”，就永远无法渡河并达到彼岸。

所以，“仙风道骨、健康长寿”，只是附带的成果，但不是目标。

就像我们都想“多活几年”，期待“寿比南山不老松，福如东海长流水”，但是，在美好的愿望背后，透露的却是内心深处的贪婪与执着。

松会老，山会烂，海会枯……在有限的生命中，作出无限的贡献，才是生命的价值所在。

做好事不留名？

如果我们帮助一个人之后，觉得他应该送我礼物，那就落于物尘；觉得他应该说声感谢，那就落于声尘；觉得他应该请我吃饭，那就落于味尘……其他也是同理。

有两句话放在一起，可以明白很多事情。

一句是“不住相布施”；

一句是“不住色声香味触法布施”。

“布施”就是帮助人，纵然是做好事，也不可住相，色、声、香、味、触、法，都不可住，也就是不能贪图回报，通俗地说，就是“真正的好人，做好事，不留名，不图回报”。

然而，眼睛、耳朵、鼻子、身体、心思，并不听话，仍然喜欢好看、好听、好味……所以，不贪人弯腰鞠躬，不图人涕零感谢，不希冀设宴邀请，似乎背离了日常的习性。

其实，一切见、闻、觉、知，都是幻有感觉妄见所生的变态病象，因缘和合妄生，因缘和合妄死，一旦落于尘相，就会堕于境相，生起各种虚幻妄念，难以自拔。

稍有贪图，就会陷入“好事”的境相尘染之中。

更何况，正是这种“无缘之慈，同体之悲”，才是光耀社会的力量，如果每件好事，都期望回报，如此市侩计较，“好事”岂不变成了“生意”？

“尘土飞扬、甚器尘上”，当尘土落下，水就浑浊了，饮入身体，我们就不清澈了；认知世界的眼、耳、鼻、舌、身、意，带来了色、声、香、味、触、法，也就是六尘，既染污心境，又历练心力；在诱惑面前，如果我们“不惑于事，不迁于境”，心性修养的功夫就过关了。

无言的善行，总是能够为社会带来微妙而难以察觉的温暖和美好。

心愿足够吗？

很多人都喜欢在墙上挂着“天道酬勤”，既是一种自我激励，也能标榜和彰显自己的努力和付出，然而，效果却往往不尽人意。

不是因为“勤”不足,也不是因为“能”不够,而是“愿”不达。

心愿的力量，就像汽车的发动机，功能越强劲，速度和爬坡能力越高;如果心愿太小，力量就微不足道，就像“小马拉大车”，气喘吁吁，颤巍抖动，步履蹒跚。

很多人，自定义为好人，但是心中只有自己，也只关心自己，自己的心性修养、身体状态、精神境界、思想等级、名望咖位……每天在顾影自怜中打打太极、浇浇花、喝喝茶、写写诗、聊聊道，空谈义理，知而不行，只顾自己，不顾世人，既不想帮助他人，也不愿成就他人，更不想引领世人。

然而，心性修养，就是要“转凡成圣”，甚至“遍洒杨枝，普降甘露”。

如果既没有济世的“愿心”，也没有助人的“愿行”，自然不会有足够的“愿力”。所谓的修养，不过是业余消磨时间的兴趣爱好，并没有载道的力量，更何况“小马拉大车”，也不可能会有吹糠见米的功效。

只有发起足够大的心愿，然后义无反顾地付诸实施，而后才能有足够大的成就。这个过程，由意识发动而成力量释放，这种绵绵不断的力量，就是来自内心的澎湃动力。

所以，“只有救人，才能救己”。

世间事物

心上浮尘

无我无相

没身不殆

修心不避世？

我们总喜欢去区分真情与假意，然而，人性经不起考验。

所以，人生旅途，有着太多趋利避害的“如鸟兽散”，有着太多趋炎附势的“茶凉情薄”。

于是，很多人都认为，修行是避世，是在经历挫折和磨难之后的心灰意冷。

然而，事实恰恰相反。

“人心死，道心活”，修心走的是人间逆旅，不能在声色犬马中沉溺，不能在驰骋畋猎中发狂，不能在精致利己中患得患失，不能在物质诱引中喜怒无常，不能在尘世奔波中痴迷执拗，不能在名利追逐中算计偏执，因此，给人的感觉是“不食人间烟火”，犹如避世；

“吾无身，吾有何患”，修身，修的是大我，而非小我，由于无我，“不落尘情、不入俗流”，因此，给人的感觉是远离世事，犹如避世；

“顺则生人生物，逆则成仙成佛”，修心要“不逐外境、不迷外尘”，见名人不攀缘，见富豪不依附，对子女不溺爱，对路人不冷漠，可谓“天道无亲，一视同仁”，因此，给人的感觉是不近人情，犹如避世。

所以，超凡入圣，很难被广泛理解和普遍接受，尤其是当世今生，常常被误解和讥讽，但正是这种“不畏人言、笑骂由人”的勇猛，才真切体现了修心“不是消极避世，而是积极救世”的胸怀。

粮草的储备？

很多人看到“法财侣地”就望而生畏，觉得自己不具备这四大条件，因此拖延甚至荒废了时间，其实，马儿上路前，也并没有驮着足够的粮草，“现实条件永远都是不足够的”，但是这并不影响我们上路。

法，无处不在。生活中，处处都有智慧。

财，似无实有。只要心知足，处处有碗饭，更何况，只要一心一意济世助人，天地社会，自有回馈，怎么会缺少钱财粮草呢？

侣，无即是有。实实在在地修心，是与古圣先贤隔空对话，而非现实中的道友同修，也非絮絮叨叨的关切，更非屁颠屁颠的服侍。

地，方寸即足。不是一定要背负一个场所，只需一个书房、一个阳台、一席坐垫、一寸立锥，就已足够。

心性修养，是自己的事情，踏上这条路，没有人“嘚嘣嘚嘣”地祝贺；小有所成，也没有人“齐个隆咚呛咚呛”地恭喜，因此，要耐得住寂寞。

所有附带条件的决定，都是拖延；

所有貌似关心的劝阻，都是心魔。

只要放开心量，就会明白，我们所谓的多少、大小、悲欢、圆缺……都是“蜗牛角上较雌雄，石火光中争长短”，不讲条件，不论财粮，不犹豫，不等待，实实在在省照生命中的每一个起心动念，才是当下应该做的事情。

如果今天拖延，明天等待，经年累世，蓦然青丝已白头，都“牙稀齿豁”了，再拿起牙刷和牙膏，会不会有些晚了呢？

养心耗多时？

养心百年如旦夕，因为需要时时向内省照，而心中时时刻刻都有无数的心念汹涌，而且念念迁流不停，所以，别心疼时间，只有“但行好事，莫问前程”，才能“心水澄清，风清气正”。

所以，不仅日间修，夜间也要修；不仅清醒时修，睡眠时也要修。

养心很方便，行住坐卧皆可修，时时向内省察，“不迷虚妄，不入幻相”就是修；

养心很不容易，连睡觉都要时时向内察觉，还要“不取于相，如如不动”，而且，稍不小心就会误入歧途，甚至陷入沼泽：

如果我们抱着做买卖的心态，付出一点时间，就想要得到回报，那就蒙昧昏聩了，因为养心是自己的事情，没有任何外在力量为我们做会计核算和投入回报分析。

如果我们以枯观狂见来修，付出再多时间，都是痴妄执迷，心境的绿洲只能是“不毛之地”，因为狂见和愚见，没有丝毫分别，都是焦灼的火种。

如果我们以坐观声问来修，付出再多时间，也只是步履蹒跚、九曲回肠，因为看电影时，无论多么“感同身受、悲不自胜”，都不可能成为其中的角色。

“春江水暖鸭先知”，只有下得了水，才能冷暖先知。

不计功效

不落尘情

不畏烟火

不怕焦灼

洗心到底洗什么？

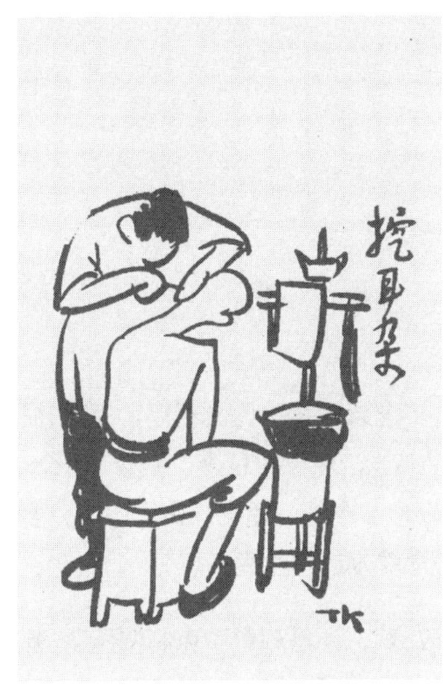

洗脸，是要洗掉黏附在皮肤上的泥垢；

洗心，则是要洗掉黏附在心中的污浊。

过程中，有清爽，有痛楚，也有先苦后甜的妙趣回甘。

不仅要让心中的贪婪、怨憎、烦躁、厌烦、愤懑、痴狂、傲慢、多疑、哀伤、渴求、惊惧、忧虑、担心、抑郁、期待、追逐……“过而不留，存而不蓄”，还要跳出己见、偏见、谬见、边见、狂见、痴见、邪见、枯见的牢笼，还要让漫天飞扬的妄念“尘埃落尽，见素抱朴”。

所以，洗心的过程，没有“毕其功于一役”，需要一层一层地洗，直至隐藏至深的那一层，就是我们经年累世积淀的习染，非要洗至此处，才能感受到“痛彻心扉、撕心裂肺”和“清凉甘甜、寂静无声”融合一处的“悲欣交集”。

脸上的污垢，层出不穷，心中的污浊，也是不断生起；更何况，心魔无处不在，越近道体，心魔越盛，越近清净，心魔越炽热焦灼。

所以，洗心没有一劳永逸，只有“永远在路上”的精进不已，所以《菜根谭》中说“身不宜忙，而忙于闲暇之时，亦可儆惕惰气；心不可放，而放于收摄之后，亦可鼓畅天机”。

念头袭人怎么办？

我们的心念，是连续不断的，“念念相续、迁流不停”，我们很难控制念头的此起彼伏，包括贪念、嗔念、哀念、痴念、思念、慢念、眷念、疑念、惦念、怜念、虑念、逐念、占念……只要我们的生命“一息尚存”，心念就永远“生生不息”。

而且，无论我们任其“驰骋畋猎”，还是刻意“克制按压”，都只能是“助纣为虐”，或者是“息壤堙洪”，不是扑面而来，就是追云逐电……都难以达到“旋岚偃岳而常静，江河竞注而不流”，更难理解“空手把锄头，步行骑水牛，人从桥上过，桥流水不流”的妙解胜境。

所以，在我们还没有达到“一念不生全体现”的圣人境界之前，不妨坐看风起云涌，任凭水流花谢，无论哪个念头，都无非在“承、启、转、合”和“成、住、坏、空”的轮转中，烟消云散。

当然，无论是“坐看”，还是“任凭”，都不是“放任”，而是“无为之为，无念之念”，因为，只有向内省视，才能在念念流注的内观世界中纤毫不漏。

所以《菜根谭》说“一念常惺，才避去神弓鬼矢；纤尘不染，方解开地网天罗”。

“机会”来了怎么办？

我们大部分人，只有在失意时、在烦恼时，才会考虑洗洗心，因为这个时候，做别的事情也是“欲语还休，进退维谷”，甚至骑在墙上，左右不是。

然而，“天道无亲，一视同仁”，“三十年河东，三十年河西”，修生养息之后，机会总是会扑面而来，这时，大部分人都会“伤好忘疼，病愈忘疤”，迫不及待地再次紧咬钓钩，急切享受钓饵的香艳美味……当然，在酒足饭饱、趾高气昂之后，仍然难逃肠穿肚烂的结局。

机会来临时，我们看到了功名富贵的呼唤，却没有看到横逆困厄的微笑，更没有看到隐藏其中的祸因恶积。

所以，如果这个机会，仅仅是狭隘利己，那不妨云淡风轻，淡然处之；

当然，如果这个机会，能够济世救人，那不妨抱着“伸头一刀”的勇气，“生死看淡，放手去干”，在这滚滚红尘中潇洒走一回，毕竟，所有心性修证的宗旨，都是“无我无身，利人利他”。

当然，如果能够“出淤泥而不染，濯清涟而不妖”，甚至做到“拿得起，放得下”，入尘而不迷，入境而不逐，附相而不着，随缘而不攀，怀利而不吝，借名而不留，乃至“来去自由，随心而至”，那就已然是圣人的境界了。

一念常省

见素抱朴

出泥不染

对境不迁

天气的捣乱？

一方水土养一方人。

天气“善变”，于是人们也善于应变，懂得未雨绸缪，能够随机应变，但是也往往带来心性善变的副作用，像天气一样“诡谲多变，反复无常”，甚至“见风使舵，朝三暮四”。

然而，心性修养是“不变”的功夫，需要我们“宠辱不惊，看庭前花开花落；去留无意，望天空云卷云舒”；修习的路上，也是如此，“一门深入”往往事半功倍，“朝三暮四”势必一事无成。

就像推演《易经》，很多人想从中获取“以变应变”的法术，以偷心来博览泛观，窥测天机，钻营取巧，一门心思地想着占尽天时地利，虽然“确有其法、亦有其术”，但是，能够沉淀几千年的经典，都蕴藏着“以不变应万变”的大道心法，这才是千金难买的连城之璧。

不同的人，遇到相同的方法，却看到不同的外相呈现，我们大多能够看到“世界上唯一不变的是永远在变”，然而，放大心量之后，看到的却是“幻化的世相百态之中，蕴藏着恒久的规律”，这才是修心的视角。

所以，傅善慧说“有物先天地，无形本寂寥；能为万象主，不逐四时凋”。

记过不记功？

如果拿个账本“只记过、不记功”，对于大多数人来讲，似乎太严苛了一些，然而却是非常好的修心方法。

当我们真的看懂“吾无身，吾有何患”，就会明白“记功”不是好事，因为一旦有“贡高”之心，“骄慢”很快就闻风而至、随之而来，很快就会在鼻子冷哼的自大中，陷入偏痴嗔狂。

何况，“善行乡里，德行天下”是应该做的，是我们的责任和义务，更是生命的意义所在。

更何况，在人生的这本账上，功过并不能相抵；有功自然有得，有过必然有罚，可谓“因果相应，理所固然”。

然而，相对于“得”和“德”，我们更加恐惧“失”和“怨”，尤其不愿承担责备和处罚，所以，主动记过、主动受罚、忏悔改过……便成为修心的必选作业，甚至成为行走人世间的必做功课。

明朝后期的袁了凡，在栖霞山得到云谷大德的指导，开始使用“功过格”，受用其益，后来便在宝坻知县的任上推行“官员功过格”，“所行之事，逐日登记；善则记数，恶则退除”，以至于宝坻一带“风清气正，民风淳朴”。

所以：

“记功又记过”，是为了提醒世人“进善退恶，扬善黜奸”，培养的是知情达理的好人；

“记过不记功”，则是在提醒我们“慎独防微，如履薄冰”，培养的是无我无身的圣人。

现代教育的反思？

现代教育中，小学教育还是“顺风张帆,符规合律”的,没有应试压力，所以敢于在素质教育中激发各种潜能，以及学习的兴趣和主动性。

然而，到了初中，开始知识填充，看谁学得多、看谁会得多、看谁记得多……对于胸怀和见识，缥缈恍惚没概念，于是，眼神开始呆滞，思绪开始迷茫，貌似伶牙俐齿却人云亦云，听似头头是道却投合逢迎，对世界和社会缺乏应有的认知和了解。

到了高中，则是机械训练，为了学习而学习，在构建胸怀和格局的关键年龄段，用知识消磨了学习的乐趣，用考试熄灭了智慧的火苗，对人生的价值更是缺乏高远的搭建。

至于大学，更是遗憾地陷入了职业教育，学堂寒暑十余载，就为了混碗饭吃，莫说天地大道、圣贤智慧，就是家国情怀，都似有实无了。

学习的目的,既不是为知识,也不是为职业……而是“自立立人，自利利他”，只有洗心革面，才能脱胎换骨，需要激发的是“能动”，而非“被动”，“学思”只是入门，“实践”才是关键。

虽然，时代不同了，传统的私塾和书院教育似乎已不合时宜，但是，教育的目的和方法，却永远不变。

如果完全以知识和技能为导向，一切都是老师的责任：听不懂是老师没讲好，学不会是老师没教好……那么，激发“能动”的教育方式，岂不是即将失去生存的土壤？

只有破除积弊，才能云开雾散，这就是天意对我们的锤炼。

以无力之力

处无为之为

做无事之事

行不言之教

省察怎消恶染？

修心，就是要消退经年累世的积习和恶染。

至于如何拨开心中的云雾，不仅仅是向内省察自己的心心念念，还要提升见识、勤于修证、多做好事，三位一体，缺一不可。

见识是“理”，修证和做好事是“事”，简单来说，就是“事理相融”，当然，做起来就不简单了：

没有修证的见识，就像没有功夫的招数，花拳绣腿、油嘴滑舌、头头是道，却不是逍遥具见，所以“遇事则迷，对境则迁”；

没有见识的修证，就像盲人摸象，自以为是，玩弄触受，在臆想的妄境中以假为真，在幻境中欣喜若狂，却不是真功夫，所以“于理有惑，遇辩则摇”；

没有做好事的修证，就像我们搬东西，空喊口号却不出力，又像是捐款救灾，号召大家积极掏腰包，自己却一毛不拔……肯定不会有效果，不仅无法提升见识，也不可能练出真功夫，总想着“虾子钓鲤鱼——以小取大”，实际上却是“偷鸡不成反蚀把米”。

路不对，越走越远；心不对，越走越窄。

向内省察自己的心念迁流，“见识”到了就会柔软，“修证”到了就会包容，“好事”做多了就会轻安自在，境相万变，尽在一念之间，三者是体、证、用的融会贯通，不分前后，不分上下，你中有我，我中有你，三位一体，水乳交融，浑然天成。

逍遥怎生具见？

我们都知道庄子“逍遥生具见”，却不知道如何“逍遥”，怎么“生具见”？

人生的天花板，不是知识、学识、才识，也不是相识、认识、赏识……而是心识。

具见的“见”字，可以理解为“认知和见识”，具见不是一般的认知和见识，而是源于心性深处的“心识”，是智慧的世界，而非知识或思想的层面。

我们提升见识的目的，就是生具见，就是见道！

然而，因为有个“见”字，以致于我们习惯性地向外看、向外寻、向外求，这种“向外”的习气，恰恰就是逍遥的障碍。

天地大道，在万事万物之中，却非肉眼所见，无形、无味、无触、无相，因此傅善慧说“有物先天地，无形本寂寥，能为万象主，不逐四时凋”。

所以，我们要发动心的力量，运用心眼，转而“向内”，发起觉察，通过“有寻有伺”来见道。

当然，过程中的妖魔鬼怪和隔障遮蔽，就太多了……首先，不能任由情绪在心中蒸腾，要通过时时向内省察做到“见素抱朴”；然后，要从固执己见的沼泽地中拔脚而出，轻快而行；此外，还要时刻提防自己不要在妄念纷飞中再次陷入“吃人不吐骨头”的沼泽。

智慧，不是思想，更不是知识；

逍遥，不是甩手，更不是独乐。

如果我们用名词概念来学思论辩，以内涵外延来辨识察验，只能是“执象泥文，摘叶寻枝”，唯有“铅华洗尽，返璞归真，向内省视”，才有可能“洞彻光明，寂照虚空”。

那时，才是真逍遥。

勇入红尘捱苦？

柔软，不是顾影自怜，而是要事理相融，然而，很多人不明白如何才算得上“事理相融”？

心柔软到一定程度，就是无我，是情，也是智。

就像“天容万物，海纳百川”，貌似无情实有情，形似愚拙却智慧，可谓“情智双运”。

如果把柔软看作情，而非智，那么，见识就不到位了，纵然有所感悟，也只是理上通了，还需在事上修证；

如果把柔软挂在嘴上，言而不行，行而不果，那么就是事理未融；

如果把柔软当成小恩小惠的施舍、装点门面的工具、沽名钓誉的幌子，干的却是口蜜腹剑、心如蛇蝎的事情，那么，就是人行邪道。

事理相融的柔软，是“无缘之援，无故之助”，以天下人心为心，以万物之体为体，因为“无我无身”，所以能够“但行好事，不问前程”，更不求回报，因此能够做到《中庸》讲的“喜怒哀乐之未发谓之中，发而皆中节谓之和”，甚至能够达到“宠辱不惊，毁誉不动，笑骂由人，威仪不失，心境不迁，凝然不改”，自然不会“闻赞则喜，闻毁即嗔”。

工作和生活，就是我们“由事入理”的修证契机，生命，则是我们“柔软”的妙器，通俗地说，“做好事”不是为了自己生命的延续，生命却是为了“做好事”而存在，这就是事理相融的“柔软”。

也是“明知红尘苦，勇要入红尘”的深义。

事理相融

情智双运

道器并重

阴阳相合

怎么参？

心识的“具见”，需要参求。

然而《西游记》说“参求无数，往往到头虚老”，真正“逍遥生具见”的人，微乎其微。

那么，什么是参，参什么，又怎么参呢？

参就是参究，就是溯源，就是过关。

就是要追溯源头，直至往圣先贤的初心本意，初始的语境、真实的心境、指向的标的、对治的所在、扬抑的根源……都像时光倒流、场景再现、置身一处，既可与往圣先贤跨时空对话，亦可进入当情当景实际体悟。

简单来说，就是“心心相印”，比如学儒，那就是要和孔孟“心心相印”，其他门径线路，也是尽同此理。

那么，怎么知道“自己是破关，还是没破关”？

“一窍通时百窍通，漫山遍野瞬不同”，这，就是过关。

见识不达，心胸不足，都无法“心心相印”，所以，在“参”的阶段，不能陷入书山学海，关键在于内心深处的实际省察和体悟，减损自己的错漏愚执，舍弃用名词概念认识世界的习气，转变在妄想中揣测圣人微言大义的惯性……攻一关，克一关，不能贪多不烂，如果仍旧按照“为学日益”的套路，逐字逐句地“依文解意”，必然是“知而不解、攻而不克”，貌似收获提高，其实都不是“破关”，而是“障入所知，以假为真”。

“破关”无法自欺欺人，纵然骗得了别人，也骗不了自己。

何况，既不发证书，也不评职称，何必涂脂抹粉地“挂羊头卖狗肉”呢？

更何况，没有什么关不关的，关外有关，天外有天，学无止境，“拿得起”是勇气和担当，“放得下”是逍遥和智慧。

怎么证？

为了避免“泥文一字误终身”，当我们以为自己“参有所得，关有所破”之后，还要予以求证，包括自证实证、理证行证、他证旁证。

比如“柔软”二字，在理上参透了还不够，还要付诸亲证。

以柔软心去对待周围的人和事，把工作和生活作为校场，就是“自证实证”；

当周围的街坊邻里、亲朋好友，以怨报德，甚至“恩情生害意，害意却生恩”，不仅不能戟指怒目、脸红筋暴，也不能怨天尤人、哀叹悲凉，反而要战胜心魔、迎难而上，这就是“理证行证”；

把证悟所得总结提炼，与往圣先贤的著述对比验证，确认是否正知正识、正解正意、正念正行……这就是“他证旁证”。

百炼千证之后，找到差距，然后开启开始新一轮的参、证、悟。

所以，修心就是不断磨炼心性、打开心识的过程。

如果说起来头头是道，遇到自身利益时却“手忙脚乱、风骨尽失”，绝路之时，更是“惊惶失措、哀叹无助”，陷入“知而不信，信而不解，解而不行，行而不证，证而不果”，就说明“证有不及”，只有参、证、悟融为一体，才能“遇事不惑，对境不迁”。

“在参中证，在证中参”，只有整个过程“浑然一体，一气呵成，由内而外，自然而发”，才能通达无阻。

怎么悟？

很多人，都以为“悟”是刹那间的醍醐灌顶。

然而，事实并非如此。

悟是“能动性”经过日积月累的参和证，在见识、胸怀和修证都达到一定程度之后，产生的打开效应，就像我们的眼睛、耳朵和身体被长期遮蔽，一旦打开，智慧的光芒，令我们感觉刹那光明。然而，大多数情况下的“领悟”，其实都是“领误”！所以，有三点应该明确：

其一，“悟不是感觉，而是光明的智慧打开”，就像我们的内心被长期遮蔽，偶然遇到一些光亮，就觉得十分耀眼，把眼睛都晃了一下。然而，光亮很快就消失了，无法停留；只有智慧打开的光明是恒定的；

其二，“智慧的光芒，源于内在，而非外在”，如果我们“入暗室不见”，只有进入有灯光的房间才有所见，那就不是悟，只是外在力量作用下的感受，而非内在光芒的寂照，只能算是“学思有得”，还谈不上“领会有悟”；

其三，“悟无止境”，如果我们懈怠嗔慢，光芒会再次被乌云遮盖，只有精进不已，光芒才能持续呈现；所以，“精进不已”不是口号，而是需要实实在在做的功课，包括感悟、醒悟、解悟、理悟、事悟、证悟……简单说，就是“事理相融”！

所以，悟不是瞬间刹那的外力偶合，而是内在的光明在精进不已的作用下带来的持续呈现，照耀四方。

悟，是通过努力来“实现”的，而非靠撞大运来“兑现”的。

一体同观

不假分别

愿发无我

方得始终

刹那非永恒？

很多人都以为，领悟之后，自己就变得与众不同了，世界从此焕然一新，自己也迥脱根尘、清净自在。

然而，纵然是圣人孔丘，也是“于乡党，恂恂如也，似不能言者”，可谓谨言慎行、如履薄冰，纵然是“希有世尊”，也是“饭食讫，收衣钵，洗足已，敷座而坐”，头上没有发光，脚下没有祥云，没有侍者佣人帮忙，自己收碗洗脚，和我们大家一样，吃饭穿衣，自力更生，平凡实在，朴实淡然。

所以，我们的这种“以为”，本身就是妄念产生的“怪力乱神”，内在境界越高的人，越没有妄念，更不会施展力量去刻意优化生活，所以孔子的弟子原宪“蓬户瓮牖，上漏下湿，匡坐而弦歌”，所以惠能的弟子青原行思说“见山只是山，见水只是水”。

也有很多人好奇，在领悟之后，自己的见识、修为、智慧、境界……是否能够神奇地自然增长，是否就不用再继续修习了？

“十年修证功夫，扛不住一念沉迷”，如果没有智慧和定力的双重制衡，没有见识、修习和品德的三位一体，纵然有刹那间的寂净光明，依然会被滚滚红尘的烟霞暗香所吸附，再次陷入尘染妄境之中，沦落往复。

还有很多人，期待领悟，期待刹那间的寂照光明。

然而，刹那非永恒，“山那边还是山，海那边还是海”，过了一关还有一关，修心，是“永远在路上”的行旅，更是没有终点的彼岸。

顿渐本无别？

刹那间的顿悟，很可能是一时的错觉，是心魔的幻象，并不可靠。所以，也有很多人，认为应该走渐悟的路子。

如果放大时空的心量，我们会发现，顿悟其实就是渐悟，世界上没有无缘无故的领悟，就像没有“白吃的午餐”，所有顿悟，都是日积月累精进不已带来的“瓜熟蒂落”;就像之前所有的“浇水施肥，打枝修剪”，看似无果，其实有功。

同样的道理，渐悟其实就是顿悟，所有渐悟，都是顿悟的逐阶上升，每一步拾级而上，都是一次由内至外的崭新洗礼。

所以说，“顿即是渐，渐即是顿，顿不异渐，渐不异顿”。

值得一提的是，所有朴实的修证，都是精进不已的攀登，是没有终点的彼岸，是没有奖牌的心路，是没有掌声的征程……如果我们期待终点的欢呼，贪图崇拜的目光，甚至渴望至高无上的荣耀，那就背离了“水利万物而不争”的大道初心。

所以，“悟”不是终点和盛誉，而是起点和责任。

无悟即无止？

“刹那非永恒”，所以很多人对自己是否已经领悟并没有把握。

那么，可以肯定没有领悟，因为领悟的人一定不会这么迟疑犹豫、拖泥带水。

当然，也有很多人坚定不移地认为自己已然领悟。

那么，也可以肯定没有领悟，因为，真正打开智慧的人，脑子里根本没有“悟”的概念：

只会“精进不已，一往无前”，不会束缚于名衔尘情；

只会坚定地践行大愿初心，不会执着于“悟为何物”；

只会在济世助人中磨砺心念，不会打着“悟”的大旗四处招摇，更不会“树碑刻迹，开山立派”。

悟，是“外行人看内行人”，在内行人眼里，没有“悟”这个东西。

每个关隘的突破，每个境界的进阶，都需要对上个阶段进行否定，因此“悟无止境”，如果脑子里还有“悟”这个概念，境地就已然不高了。

“猴贪果熟连枝坠，鱼涎饵大嘴破钩”，只有“不贪果熟”，才能毅然决然地“否定自己，再踏征程”，因此“但凡有悟，必然是误；心中无悟，方彻光明”。

如果我们已经走上“向内省照”之路，已然踏上“见素抱朴”之道，不必天天想着“开悟”，坚定不移，才是应该有的决绝心态，“稍计功效，便落凡胎”，只有“不问前程，不计得失”，才能“滴水成河，聚沙成塔”。

心海无涯，进无止境。

铅华洗尽

洞彻光明

心心相印

无悟而悟

悟空被驱赶？

很多人都对神通很感兴趣，认为是高阶的修证成果或境界。

其实，神通源于“下下地不懂上上地”，就像幼儿园的小屁孩，见到三年级的毛孩子在踢毽子，觉得真神！但是，对于毛孩子而言，这只是“洒洒水”“小意思”。

可怕的是，大部分人都怀着一颗偷心，窥探天机，钻营取巧，寻窟窿打地洞似地想着占据天时地利，试图独辟蹊径地“抄近路，行便道，走捷径”。然而，自己并没有修得一双慧眼，既察看不出境界，也判断不了真假，所以很容易被各路毛孩子假扮的大神，装进瓮里、套进袋里、诱进洞里……

纵然机缘巧合，像孙猴子一样，漂洋过海，登界游方，十数个年头，方才访到“斜月三星洞”，得以拜在高人门下，然而也只因“在人前卖弄，变棵松树”，便被逐出师门，从此“割袍断义，恩断义绝”。

“口开神气散，舌动是非生”，“真神”的人，不会运用自己的力量去干预自然，更不会靠搞怪弄奇来卖弄显摆，因为，玩弄境相幻化，只是雕虫小技，在无我的修为中，“遍洒霞光，普降甘霖”，才是济世利他的天地大道。

更何况，所有不寻常的力量，都不过是过程中的阶段性成果，而非修证的彼岸，如果停留或沉迷其中，反而是止步不前的征兆，更是沉迷境相的表现。所以，当悟空拿着“踢毽子”级别的法术来炫耀，菩提老祖便毅然驱赶。

“明明德于天下”，才是高阶的境界。

虽然“人心隔肚皮”，我们很难辨识他人的修为和境界，但是却可以“听其言，观其行”，如果一个人，见识高远旷达，修证精进严谨，“立德”躬亲不倦，“利万物”慎终如始，那就是圣贤高士，因为，所谓的“神通”，不过是在“不勉而中，不思而得”的真磨实炼之中，自然而来的“不神而通”。

通达智慧也能直奔主题？

知识、思想和智慧，是三重境界。

我们可以拾级而上、阶段进级，从知识进阶到思想，再从思想跨越到智慧。

当然，也可以直奔主题，不需要通过知识和思想，而是直指心性，直接进入自己的心地深处，真省实照，实实在在地“领会体悟、求索实证”，虽然“不假文字，不入学塾”，照样也能“智慧通达，逍遥自在”。

遗憾的是：

有知识的人，可能是书呆子，也可能是书油子，不一定有思想，甚至在偏痴苦执中被知识蒙蔽，成为智慧的遮障；

既有知识又有思想的人，却不一定有智慧，在己见、偏见、狂见、痴见、枯见、诡见中固执扭曲的，也大有人在。

……

有意思的是，傻小子郭靖，不仅学会了“降龙十八掌”，掌握了“弹指神通”，还练就了“九阴真经”。

学习知识的聪明和笨拙，创造思想的敏捷和迟缓，这些都是外在的，与智慧没有必然的正相关，聪明带来的可能是傲慢的偏见，敏捷带来的可能是偏执的狂见，这些都可能成为智慧的“绊马索”。

纯朴和老实，却往往成为通达智慧的意外之喜。

智慧，是内在的寂照光明，无依无住，无论我们走哪条路，只有老老实实地向内求索，实实在在地踏上“无私无我”的修证之路，才能打开智慧的大门。

命运可以改吗？

很多人都喜欢推演命运，四柱八字、宿曜占星、面相手相、测字择时、风水卜卦……既想预知未来境况，也想优化际遇运程，毕竟“一命二运三风水”。

确实，很多事情，是可以算出来的。

然而，很多事情，不用算也能知道，大略讲三点：

其一，大规模的叫气运，小规模的叫命运，命运从属于气运，每个人都与时代的气运紧密相连，就像天要下雨，就算看了天气预报并躲在家里，如果这时小孩提前放学，还是要冒雨前往，这就是“人算不如天算”。

靠卜算推演，可知、可测，但是，难躲、更难改。

所以说，“多少长安名利客，机关用尽不如君”。

其二，“欲知前生事，今生受者是，欲知来生事，今生作者是”，读懂这句话，不用算，也能洞悉前世今生：

只需看看自己青年时的所作所为，就能知道中年时的所遭所遇；

只需看看自己中年时的所举所措，就能知道老年时的所处所受。

所以说，“机关算尽太聪明，反误了卿卿性命”。

其三，为什么“我们难以获得改变”呢？因为“种瓜得瓜，种豆得豆”，我们说过的话、做过的事、生过的意念，并未消失不见，而是不断沉淀，既积聚成为积习恶染，又蕴集无数因果关系，经年不消，积重难返……

更何况，如果我们连戒烟、戒酒、戒脏话都不能尽力，就更别提“转心念、变心识、消心障”了，以弱力抗衡劲力，怎么可能获得改变呢？

当然，难改不等于无法改，天无绝人之路，若真的想“洗心革面，脱胎换骨”，看看袁了凡的《了凡四训》，不仅事理相融，而且自证实证，或许有所助益。

不神而通

抱朴为真

机关妄算

种豆得豆

好人没好报？

我们经常感叹“好人没好报”，既有对自己遭遇的哀怨，也有对他人不幸的怜惜。

然而，事实往往更加残酷。

我们对好人的评判，大多是站在自身的角度，或基于自身利益，或基于相同价值观。但是，如果把心量放大至所有人，乃至一切生命，包括卵生、胎生、湿生、化生……就会发现人类中的一些人其实非常自私、狭隘和粗暴，不惜为了自己的家园而毁掉其他生命的生存环境，甚至进行族群灭杀和屠戮，这些共同的行为，累积成为人类的气运。

纵然我们自己并未直接参与，甚至不愿参与，但是，当战争、瘟疫、饥荒、台风、旱涝、山洪……来临时，四周全都变成了人间炼狱，我们又怎么可能独善其身？又怎么可能不共同面对？

所以，老子说“人法地，地法天，天法道，道法自然”。

很多人会问“我应当怎么办？我又能做什么呢？”

南怀瑾先生说过“多数人共同形成的气运所趋，并不是少数人可以挽回的”。但是，我们至少可以向内省照，照见自己恶行当头，并非一世好人，当苦难和意外来临时，别一肚子哀怨、委屈和悲愤，然后才能坦然面对……

只有“还清旧账，莫造新殃”，才能“尽扫阴霾，重新开始”，只有当多数人都领悟这个道理并付诸实施，我们所处的气运，才会逐渐改变。

剜心除结石？

有牙结石、胆结石，自然也有心结石。

我们的心，在意识念动的驰骋畋猎中，吸附了很多尘埃杂垢，久而久之，像牙结石一样，形成了很多心结石，所以，每天都应该洗洗心，方法就是向内省照。

过程中，不仅要“剜肉见心”，还要“剜心除石”，需要有自己向自己下刀的决绝和勇猛。

剜肉，其实就是去除长期执着的己见、偏见、狂见、痴见、枯见、诡见。

除石，其实就是去除内心深处的贪婪、怨憎、嫉妒、痴狂、骄慢、猜疑。

念由心生，所以，洗心的过程，不像刷牙那么轻松，大多数人止步于了解观望，很少有人真刷实洗，莫说除石，单单就剜肉这一关，就很难过得去。

然而，“逍遥方生具见”，如果我们这也放不下，那也舍不得，既怕痛彻心扉，又难舍尘世贪爱，无法超然物外，又怎么可能“除石生清净”呢？

真真切切地向内省照，是痛苦的，但是，也只有受得起这样的苦痛，放得下痴爱和执着，才能感受到石去身轻的轻安舒悦，这才是透彻心扉的逍遥自在。

“有石别怕痛”。小时候，看到打针都会哇哇大哭得，当真的一针扎下去，也并没怎么样。

寿终难正寝？

在中国传统文化中，有“寿终正寝”四个字，敬畏生命归去来兮的自然规律。然而，我们大多数人，临终之际，痛不欲生，苦不堪言，不说“来去自由”，莫提“坐脱立亡”，也别想“无疾而终”，甚至连“好死善终”都难以实现。

主要有三个原因：

一是见识不达。在西方医学伦理和逻辑中迷失，似乎务必“临终抢救”才符合伦理道德，于是在虚弱的临终之际，又是吸痰，又是大力按压，几番折腾，把好好的人折腾得“欲活不得，欲死不能，心境悲怆，心意痛楚，潸然淌泪，无力挣扎”，如果就此激起忿恨之心，就更是作孽了；

二是过度消耗生命。好好的一座血肉身躯，本来能用百八十年的，但是嗜酒放逸，挥霍无度，在尘染境相中“驰骋畋猎，令人心发狂”，以至于精气耗散，在病急乱投医中，又是“治本不及，治标伤本”，早早地就草草了结；

三是惨遭横死。在这火急火燎的大千世界中，在这匆匆忙忙的车水马龙中，在这索取无度的滚滚红尘中，在这机关算尽的你争我夺中，在这冷眼旁观的世态炎凉中……多少人，惨遭横死，难得正寝。

临终安详，既是每个人的期许，也是生命的尊严，更是心性的修为，还是社会的气运。

万物怀藏

质朴即道

归去来兮

心省则明

借妄修真风中定？

我们思想意识的流注，就像从不停止转动的电风扇，在一直旋转的过程中，形成了强大的吸力，黏附着我们，无所遁形。

如果我们功力尚浅，无法拔掉电源插头，不妨先练脚下的定力，只要“心向内观，明辨真妄”，自然“脚底生根，心不染尘，遇事不惑，对境不迁”，纵然吸附的力量还在，却无法对我们发生作用，这就是“知妄即离”的力量。

妄念，始终存在于我们的念头之中，起于意识，源于习染。纵然我们时时向内省照，修习各种方法，也很难一步到位地实现“见素抱朴”。

所以，不妨借妄修真，与妄念共生，与心魔共舞，在“知妄即离，过而不留，存而不蓄，引而不发”的过程中，通过“归根曰静，静曰复命，复命曰常，知常曰明”，逐渐达到“致虚极，守静笃”。

更何况，没有妄就没有真，没有阴就没有阳，可谓“妄即是真，真即是妄，妄不异真，真不异妄”，我们急匆匆地扫落叶，搞得自己每天手忙脚乱，不如让落叶自然随风而去，直至“一念不生，风扇不转，波涛不兴，泡沫不起”，这就是“借妄修真”的深意。

三身非我我是谁？

我是谁？这似乎是一个难以回答的问题。

大部分人都会执着于自己的臭皮囊；

但肯定不是这个血肉之身，因为生老病死，缘生缘灭，并不久远，更何况，世间一切万有，包括这个日渐“伛偻面皱、发白齿豁”的皮囊，我们都只是暂时使用而已；

也肯定不是我们的变化之身，嘴脸、面具、身份、言行、心态始终千变万化，哪个才是我呢？是那个疾恶如仇的仗义侠士，还是贪图小利的市井小民；是投机钻营的狡诈商贾，还是敬老爱幼的谦谦君子？

应该也不是内心深处的心识之身，此身虽然无形无相，但似乎还没有通达天地大道的真如本体，仍然固守在自我的小宇宙之中……

那么，我在哪里呢？

也许，在无垠宇宙之中，在山河大地之下，世间世外，都没有我，我们都只是本体的幻化，就像孙悟空拔了根毫毛变成了无数孙悟空，虽有形躯，却没有本体心识……

所以，“无我”不是臆想出来的幻境，而是真实不虚。

当然，也可以说，血肉之身、变化之身、心识之身都是我，可谓“是我非我，似我亦我”，恰如“无所从来，亦无所去”。

其实，心识是体，皮囊是相，变化是用。

只有体、相、用三位一体，心识清净，皮囊圆满，变化无碍，精、气、神融会贯通，才是实实在在找到自己，或缺其一，都是“盲人摸象，以偏概全”。

不灭则不生？

我们经常发现，“房子住得越久，空间变得越小”。

因为东西会越来越多，有些东西放着没用，丢了可惜，为了物尽其用，便找个地方搁置起来，日积月累，堆满为患……某天某时某刻，突然感觉“这房子怎么越来越小了”？

“不生不灭”的智慧，既可以正向理解，也可以逆向运用，颠倒过来就是“不灭不生”，万事万物，都应该先从“灭处”想一想，看看是否“有无灭处”，若无灭处，则“了然不生”，既不冲动消费，也不贪图私囊饱满。

比如，“双 11”一下子送了 2 张券，买个新款的平板电脑可以便宜不少，但是，不妨先从灭处想一想：

是不是真的需要？

是否与现有电子物件功能重复？

几年之后，是用坏的，还是放坏的？

坏了以后怎么办？

……

如果答案不是非买不可，又何必“咬”这个便宜的鱼钩呢？

所有物品的生起，末了都会有一个灭处。

更何况，在“物为我使”的同时，我们也不得不“为物所役”，包括维护维修、更新升级、收纳保养……如果只看到拥有和使用，却看不到坏灭，那么很容易在“物欲羁绊”中，将宝贵的生命消耗于外在的物质生灭，而非内在的心性修养。

所以，“物从灭处生，心从灭处起”。

知妄即离

三位一体

脚底生根

心不染尘

为什么要一门深入？

回归内心深处的寂照光明，有很多路，有很多门。

所以，我们需要钥匙。

但是，如果每遇到一个门，都去学习锁孔的结构凹凸、大小深浅……并量身配置，那不如炼就一把万能钥匙，逢锁即开，可谓“一窍通则万窍明”。

这就是一门深入的深意，然而，我们经常在“以多为功”中“狗熊掰棒子——掰一个，丢一个”，遇到新奇的、有趣的、神异的……都会跑去凑凑热闹、赶赶浪头。

末了，可想而知，东边一块皮，西边一块毛，凑在一起也配不了一把钥匙，更别提万能钥匙了。

不仅修心，做学问也是这个道理。经纶济世，本是“万古云霄一羽毛，手摇把扇定乾坤”，但是，如果分门别类地划领域、立学科、设课程，相互之间各立门户，建学院、竖系室、标组别……那么，凑在一起也配不来一把钥匙。

不仅“以门为障，见门不见锁；以锁为障，见锁不见匙”，而且“门无实法，术无实技”，自然无法一门深入，结果也可想而知，遇锁则乱，披头汗淌，左扭右捅也听不到开锁的“咔啪”声，早已失去了诸葛孔明“轻裘缓带不披甲”的自信和从容。

所以，一门深入，不是在狭小的领域内钻牛角尖，而是“运用一法，通达万法”，也就是传说中的万能钥匙。

当然，如果过程中能够证悟“了然无门”，那就更好了，因为“无门则无锁，无锁则无匙”，就像侠隐的剑客，已经由剑入道，自然“手中无剑，心中也无剑”，因为“心无忧，亦无惧，要剑何用？”

更何况，“万物，都是剑”。

心眼辨真妄？

当我们一门深入，炼就了全能钥匙，就会发现，很多钥匙都是假的。

长得像钥匙，其实却开不了门，挂在腰上做做摆设还行，想打开门，却是“葫芦藤上结南瓜——了无可能”。

很多求学问道的人，把“向内修证”搞成了“向外观光旅游”，喜欢去这个山头看看，去那个山头转转，觉得“这里也挺好，那里也不错”，回头想想，又觉得“这里也不妥，那里也不对”。

原因就在于我们“辨不得真妄，分不出虚实”，看这个山头人多就去凑凑热闹，看那个山头景美就去镀镀金，然而，无论钥匙多么金碧辉煌，都是为了开门，而非挂在腰上炫耀。

所以，只有一门深入，老老实实地向内省视，真察实照，真磨实炼，真雕实刻，才能“心眼辨得真妄”。

有人会问“怎么知道哪个山头值得一门深入呢”？

其实，每个山头都值得一门深入。

因为“法本无门”，所有的门，都是“借假修真”。

关键在于，摇橹接引我们的人，是否“正心正意、正解正行”。

辨别方法很简单，老子在2000多年前，就已经单刀直入地告诉我们——少私寡欲！

一个醉心名利的人，纵然有些功夫傍身，也不可能掌握通向内在光明的钥匙；

一个超然物外的人，纵然默口少言，至少也能引领我们走上大道正途。

至于能否有所成就，终究靠自己，而非——摆渡行船的摇橹人。

没门哪来的钥匙？

通向心性光明的内在世界，本来是没有门的。

由于我们在意识分别中挑剔、贪婪、恼憎、不屑、痴怨、狐疑、忧虑、焦灼、烦躁，在“镜花水月、浮梦蝶舞”中颠倒梦想，在“海市蜃楼、魂牵梦萦”中痴执虚妄，以幻为真，不知悔悟，所以，才有了门。

这个“门”，其实就是我们的眼、耳、鼻、舌、身、意，没打开时就是“障”，是通向内心深处的隔障，是心识的遮障，更是生起逍遥具见的屏盖。

所谓的钥匙，就是打开这些遮障的关窍，八万四千法门，总有一把钥匙能够对治自身的孽识和隔障。

还有一种办法，可以直接让门消失，自然不需要钥匙，那就是参禅，“以无门为门，以无匙为匙，以无言为言，以无字为字”，直指心性，心心相印，所以“了然无门”。

当然，修证无捷径，禅门虽然“简单直接，直击要害”，既不用上学读书，也不用识字著述，但是，参求无数，禅关策进，所需要的信心、恒心、精进心、无畏心、大勇猛心，没有一样是容易的，稍有差池，就是“磨砖作镜，积雪为粮”，甚至陷入枯痴狂见，落于魔境还不自知。

念转识门

辨妄解锁

一门深入

众门瞬无

一念转则万念变？

刚才了却东面事，又被西方打一拳。

一念动，便有铺天盖地的烦恼。

我们不可能一对一地去对治这无数的烦恼，也不可能每个烦恼都挂号问诊，因为这样犹如“叶枯医叶，枝烂治枝”，一生忙碌，却在“两面耳光”中并无效用。

所以，我们要“看枝识脉，见叶知根”，对治根脉，直击病灶，虽然痛彻心扉，但是，只有“吹糠见米”才能如沐春风，只有“熬得过去”才能绿意盎然。

然而，我们大部分人都是“买椟还珠”，本来想要珍珠，却被美丽的木匣子所吸引，思绪外逐，念头散乱，忘记了原本的初心大义。

所以，心性的旅程，应当“以少为攻”，大胆做减法，只有一步一步地走，才能云开雾散；只有一念一念地转，才能枯木回春，不能有“毕其功于一役”的贪念。

“一念转则万念变”，不是特指某一念，更不是某一念转的瞬间，而是“时时内照，念念都转”，不只是今生今世，还包括经年累世。

只有这样勇猛和决绝，才算得上是精进不已。

年龄是什么？

公交车，是一站一站地行，一站一站地停，而且尊老爱幼；

然而，“见道”不是坐公交车，既能像走迷宫一样往返无果，也能像坐飞机一样直奔主题，而且，不会因为年龄大而得到优先照顾。

能否有所成就，关键在于是否勇猛精进、扎实修证，如果我们因为年龄而妄自尊大，那么就很容易失去磨炼自我的机会，更无法进入“一体同观”的认知世界。

“见道有早晚，无关年长幼”。

如果我们懂得“种瓜得瓜、种豆得豆”的道理，就很容易明白，年龄不过是过程的时间标尺，而非认知和修养的层级界定，早熟的不一定甜，晚熟的不一定苦，如果把心量推演至无限时空，一个体道履德的毛头小伙，都是我们学习的榜样，所以我们不必倚老卖老地好为人师，很多时候，“悉心指点、用心教化”都不过是一厢情愿的自以为是，要懂得“万物自化”，瓜瓜和豆豆，都是天地孕育，我们只是必然中的偶然，因因果果，果果因因，又何必计较和诉说呢？

“一念转则万念转”，与年龄无关，与血雨腥风的人生经历无关，与风霜坎坷的生命旅程无关……只有勇于颠覆自己的痴执狂见，才能远离颠倒妄想，才能跳脱“镜花水月”。

“年龄”这一关，就是万念中的一念，过得去，就又是崭新的一天，所以商汤说“苟日新，日日新，又日新”。

四海为家与道行？

很多人都喜欢旅游，换个地方，换种心情，然而，纵然在大好河山中神清气爽，一个烦恼的电话，就能立刻把美好的心境打回原形。

因为外在环境，幻生幻灭；只有内心清净，才能历久不衰。

所以，无论我们身在何处，都很难如意，这既是贪心的正常表现，也是现实世界的基本特征。

心地不真，果必迂回。

在转念的路上，心魔总是时时侵袭，在我们尚未“心如止水”时，很容易“逆水行舟，不进则退”，所以，我们总想找个清静的地方躲一躲……

然而，无论“四海为家，躲避尘染”，还是“常居一处，独善其身”，无论“隐于朝、隐于市、隐于野”，还是“闭关参究，静默求证”，都无法通过外在环境的改变，达到内心的静寂清明，只有内在的信力、念力、愿力、定力……都充盈饱满，才能“净极光通达，寂照含虚空”。

有人的地方，就有纷争；

有纷争的地方，就会妄念飞动。

纵然周围无人无物，甚至万籁俱寂，心魔也会乘虚而入，所以，世界上没有一处外在环境是清净的，因为，清净只源于内心深处的自性光明。

烦恼是炼

年龄是幻

一念万转

云开雾散

一尘不染亦是染？

“出淤泥而不染，濯清涟而不妖”，为我们指出了心性修养的方向。

因为，我们的心中，从来都是“真妄共生，清浊同体”，犹如手心和手背，“阴阳一体，明暗相济”。

所以，修养一颗柔软的心，“既是去尘，也不是去尘”。

是“去尘”，因为“消除积习和恶染”是唯一的路径和指向。

不是“去尘”，因为我们不可能一蹴而就，需要经历借假修真、借妄修真、借尘修真的过程。

所以，没有必要以“尘染未除”来挑剔和指责任何人，包括读书人、生意人、坐班人、文化人、艺术人、设计人、音乐人、代码人、教书人、演艺人、知名人、有钱人、没钱人、城市人、农村人、社会人……以及世间一切人。

因为，“一尘不染”是精进不已的方向和目标，而非过程中的状态。

当然，我们有足够的理由以是否少私寡欲、真心行愿……来评估和挑剔，但是前提都是要先挑剔挑剔自己。

修证天地大道的行脚人，只有“不落声问，不堕浮相”，才能大步向前；只有“不住于法，不取于相”，才能不迷虚妄；只有“不立门户，不开山派”，才能不逐功利；只有“天道无亲，一体同观”，才能不着贪爱。

纵然不一定全都做到，至少也要“永远在路上”。

静寂见万物？

一杯清水，沉淀下来才能看到渣滓；

一副镜片，透光阳光才能看到灰尘。

人心也是一样，静下来才能发现自己，不仅妄念飞舞，而且贪念膨胀、嗔念飙扬、痴念疯狂、慢念奋昂、疑念游荡，以至于心地恶浊、心念散乱、心识浅薄、心智迷失、心魔乱舞。

所以，静寂的状态是难以思议的。

很多人，穷极一生都没有“真静寂”的体会，纵然听闻，也很难相信，不仅不愿意去求证，甚至还会用阴谋论、功名论将其妖魔化。

2000多年前，中国的老子就说过“浊以静之徐清”，孔子也说过“洁静精微”，古印度也有一句“佛观一钵水，八万四千虫”，到了唐朝初年，金陵牛头山的法融，与四祖道信也有一段“跳蚤打架”的对话，很多人都将其理解为形容和比喻，然而“说比喻，即非比喻，是名比喻”，比喻是手段，指向的却是实相，如果我们执着于自己的“眼见为实”，是永远也无法洞彻心性的。

盲信盲从、迷信迷从，都不是大道正途，只有在生活的修养中实证，才能明白古圣先贤的一片苦心，只有让心静下来，才能穿透乌云，看到太阳……因为，纵然阴云密布，太阳也从未消失，只是乌云遮住了我们的视野。

“静寂见万物”。生活的修养功夫，不在于长成什么样、坐着什么位、虚着什么名、穿着什么衣、说着什么话、比着什么喻，而在于心地是否清净透彻。

净极光通达？

外息诸缘，内心无喘。

然而，这种境界我们却很难达到，有时，越想静，内心却动得越厉害。

不仅仅是大脑，五脏六腑和神经系统都在折腾，似乎故意和我们作对，这种情况原因有三：

一是过渡阶段的变化规律。每个阶段交替的过程中，都会产生更为剧烈的波动，心理状态、身体状态、时运境遇……都是如此；

二是感觉和知觉灵敏度的提高。就好像我们在夜深人静时，一阵细微的窃笑私语，都能听得一清二楚，甚至拨动我们的心弦；

三是“道越高，魔越盛”。就好像口袋里空荡荡时，没人搭理我们，可腰包鼓起来之后，各方人马都来窥探觊觎。

当然，这种“欲静还动”，仅仅是阶段性的暂时状态，如果想要“静得下来，静得久远”，还需在“净”字下功夫。

但是，这种“净”，不是外在的净，不是洁癖和强迫症，而是心地的清净。

我们可以想想莲花，虽然洁净不妖，却并没有离开污泥的滋养，所以，“净极光通达”，不是让我们的皮囊一尘不染，而是让我们的心地“出淤泥而不染”。

……

静，是净的前提；净，是静的结果；

只要“心识得净”，自然“心念得静”。

净心，就是“转心念、变心识、消心障”。

所以说，“净极光通达，寂照含虚空”。

与泥共生

出尘不染

与动相应

寂静不迁

学问不在书中？

心法无形，通贯十方。

人和动物的本质区别，并非智商，而是见地和心量。

人的见地和心量，足以胸怀天下，彻照一切众生，包括卵生、胎生、湿生、化生、有色、无色、有想、无想、非有想、非无想……但是，动物做不到，纵然"饥知食，渴能饮，能营巢"，却不懂天地之道，所以，中国传统文化注重人文教育，就是教会我们做人的根本。

我们习惯赞叹读书人"有学问"，然而，知识渊博、文采飞扬，都是旁枝末节，学问的根脉，在于做人的根本，所以，有子说"君子务本，本立而道生"。

一个人，纵然没有读过书，甚至目不识丁，只要在做人做事中展现出人性的光辉，就是有学问！

更何况，不需要假借文字，就能通达天地大道，了知世间万法，在"道法自然"中"从心所欲不逾矩"，那——还不是高人吗？！

可惜的是，大多数读书人，都被困在书本里，引经据典，训诂考据，耗费一生却"不明世事，不通人情"，可谓"执象泥文，摘叶寻枝"，更有甚者，"用正确的语言冠冕堂皇地说着错误的话"，义正词严地干着精致利己的事情，所以，孔子说"巧言令色，鲜矣仁"，说得头头是道，写得道貌岸然，都和学问没什么关系，胸怀天下苍生，行事仁至义尽，才是"人伦大道真学问"。

不靠声问靠什么？

“说你好，你就好；说你不好，你就不好”。

世间“说法”无穷,犹如“群盲摸象，各有执着”，摸到腿的说像柱子，摸到耳朵的说像扇子，所以，靠耳朵来声闻外音，是不可靠的，需要靠自己修证，而且是向内省照的修证。

比如，色受想行识，是我们的五蕴，向内省视，就是要“照见五蕴皆空”，以止观为法，有寻、有省、有察、有止、有观、有照、有彻……如果我们“外不息缘，内不辨妄”，穿着棉麻衫，踢着芒布鞋，东面听听课，西面问问人，南面喝喝茶，北面弹弹琴，依然在眼见和音声中，沉浸于意识的境相中，在所谓的断舍离中寻找心安的感觉，甚至把好逸恶劳当作“放下”，把妄想出来的清静当成修证成果，那么，反而被五蕴遮盖，可谓“贪著其事，背道而驰”。

更何况，靠声问获取信息，只是停留在意识层面的逻辑思辨，而无法进入第七识,更谈不上第八识了,不仅无法“转识成智”，更会令人无所适从，比如“父子骑驴”的故事：

父亲骑时，儿子被人说不孝；

儿子骑时，父亲被人说狠心；

两人都不骑时，被人说傻瓜；

父子一起骑时，又被人说残酷；

……

所以，不论别人说什么，不管别人做什么，坚定地走自己的内省之路，“向内彻察”，精进不已地打开自性本体的光明，让自己心地洁净、心水清澈、心念柔软、心意坚韧……然后才有可能渡“一切苦厄”。

虚名浮利招祸患？

我们听一下钟声。

钟之所以响亮，是因为其内部虚空，所以，庄子说“厉风济则众窍为虚”，如果我们想要名声大，就是这个道理，先学虚空，越虚空，名声越绵长悠扬。

所以，名叫“虚名”，利叫“浮利”，有虚方有名，有浮才有利。

但是，如果我们为了名声而虚空，那就又错了。

洪应明在《菜根谭》中说，“钟鼓体虚，为声闻而招击撞；麋鹿性逸，因豢养而受羁縻”，就像我们站出来说几句话，关注的人越多，越遭撞击，各种非议、嘲讽和较劲，纷至沓来……

所以《菜根谭》中又说，“可见名为招祸之本，欲乃散志之媒”，告诫我们，名利欲念，徒遭祸患，虚空的目的，并非为了名声，而是为了提升自身的心性修养，是内照！是内化！而非外逐！

所以：

既要“其心常虚”，让“义理来居”；

又要“其心常实”，令“物欲不入”；

只有“万有皆空，万理皆备”，才能“虚实相融，定慧等持”。

就像一幅画，有虚有实，才能动静相宜；又像一篇小说，有明有暗，才能跃然纸上；还像做人，有方有圆，才能刚柔并济。

文采飞扬

旁枝末节

君子务本

本立道生

内观喻寻伺？

很多人都喜欢拿着照妖镜照别人，却从来不照自己。

如果我们以挑剔别人的心，来挑剔自己，差不多就算是内观了。

但是，还没有达到“观自在”的境地。

观，可以理解为寻伺，既有“寻”，也有“伺”，就像我们走进一个黑屋子里找东西，先把灯打开，大面积地寻摸寻摸，确定大概位置后，再拿出手电筒，细细地找，如果还找不到，就干脆止于一处，静静地、细细地伺察起心动念的纤毫变化，由粗至细，由细至纤，由纤至毫。

当然，这个黑屋子，不在心的外面，而在心的里面且深处。

所以，“内观”有三个要素：

一是要有主动发起的能动性，无论是“有寻有伺”还是“无寻唯伺”，都要主动发起，而非外力诱引、鞭策和棒喝，更非被动地在别人的指引下陷入分别意识的逻辑思辨而“似懂非懂”；

二是要有向内寻伺的方向感，而非“照妖镜，专照别人，不照自己”；

三是要有“为道日损”的警觉性，所有心性修养都是减损的勇猛，都是放下的决绝，内观也不例外，减的是欲念，损的是执着，就像我们吃饭，减一口有利健康，多一口不利于消化。

只有这样，源于自信本体的光明和智慧，才能喷薄而出。

知妄即离？

知妄即离，当我们察觉到妄念时，瞬间已清净。

虽然，这种清净，还达不到寂净的境地，但已然行走在天地大道上了。

在“寻伺”的早期阶段，无论是“有寻有伺”还是“无寻唯伺”，常需外力的辅助，类似电灯或手电筒，因为内心的光芒还没有释放出来，但是，外力仅仅是辅助，如果自己不用心去找，就算“灯烛辉煌，火树银花”，也没有用。

所以，我们有意识地去主动寻伺，就是“知妄即离”的“知”，而且是“能知”，而非“所知”，有了“能知”这个意识和功能，并且能够时时发动，向内寻伺，就是“内观”的心法了。

值得一提的是，“内观”的世界，虽然与众不同，但还不是“迥脱根尘”，更不是“脱胎换骨”，它仍然停留在分别意识之中，只是方向和方法的转变带来了不同的感受和认知，但还是处于分别和妄想之中，而非真实不虚的实相，更非“照见五蕴皆空”。

如果想要达到“净极光通达，寂照含虚空”，甚至进入“一念不生全体现”的境界，仍然需要在“向内寻伺”的路上精进不辍。

当“无寻无伺”来临时，就踏上新的阶梯了。

鸟儿好看却不笼之？

鸟儿好看，是天道自然。

老子说“衣养万物而不为主”，这就是“无私无我”，如果我们以照顾鸟儿一口嚼裹儿为借口，关在笼子里欣赏逗趣，就是“有私有我”了。

所以，老子提醒我们“人法地，地法天，天法道，道法自然”，告诫我们“万物自化”，只有“生而不有，长而不宰，为而不恃”，才能长久。

对待万事万物，都是这个道理，不论是自己喜爱的物品、坐拥的职位、多年的好友，还是携手与共的兄弟姐妹、深爱的子女，甚至这个日夜不离的肉身皮囊……都不宜“有私有我”。

就像养孩子，如果把自己当成孩子的主人，让孩子给自己积谷养老，不仅会让孩子的心量变小，也会让自己伤心失望。“行孝”是孩子的责任，却不是我们的期待，如果孩子有更高、更远的愿望和能力，不妨“海阔凭鱼跃，天高任鸟飞”，因为“大孝不拘小家”。

向内寻伺，就是要照见这些隐藏在内心深处的起心动念，尤其是“有私有我”的心念意动，因为，天地间的大道初心，就是要“无私无我”。

2000 多年前，中国的管子说“风雨至公而无私”，老子说“生而不有，为而不恃，长而不宰，是谓玄德”，曾子说“在止于至善”，古印度也有一句“无我相人相众生相寿者相”，古今中外的往圣先贤们，不断变换着“马甲”和语言，就是为了传递一个恒久不变的道理，“无我无私”才是至公、至德、至善的“道法自然”。

持镜照己

向内寻伺

知妄即离

不迷于相

寂照怎么照？

如果我们已经自带光明，走进黑屋子找东西时，既不需要开灯，也不需要用手电筒，“照”就是这个道理。

如果说“观”是“有寻有伺”和“无寻唯伺”,那么“照”就是“无寻无伺”；

如果说“观”还需要发动意识的主动作用，“照”已经不再需要靠意识驱动；

如果说“观”还需要方法、线路、过程和时间，“照”则是“刹那之间，了然于胸”，就像太阳照耀山河大地，刹那之间，普照天地万物。

所以《中庸》说“不勉而中，不思而得”；

所以六祖惠能说“屏息诸缘，勿生一念……不思善，不思恶”。

这些都是在提醒我们，“照”已经不需要靠意识驱动，只有不起“分别心识”，“救万物而无弃物”，才能启动“照”的功能。

从“观”至“照”，不是仅仅靠修证就能实现的，还需要自性光明的释放，可以说“既不着修，又不离修，修而不修，自然而修”，可谓“无力之力，方为大力”。

所以，“照见”是超越意识范围的功能，自性的光芒已经由内而外地释放出来，既不需要逻辑推理和思辨，也不需要刻意的寻伺和觉醒……理无碍，事无碍，事理均无碍。

照也非洞彻？

我们大部分人，都还没有达到“照”的境界，所以还是需要内观转念，通过“有寻”和“有伺”来精进不怠。

然而，纵然我们观得纯熟，甚至达到了“照”的境界，也不能代表在心性修养的旅程上“见道”了。

“观”和“照”，既是修证的方法，也是修证的功夫；

“照”是“观”的纯熟，是功夫的精进，甚至是炉火纯青，但是，“照”还不能等同于“洞彻心性”。

就像一个武林高手，冬练三九，夏练三伏，修证有功，出手不凡，飞檐走壁，刀枪不入，心不染尘，意不生非……但是，他能否在乱世中挺身而出并且功成身退呢？

真正的洞彻，不仅仅需要修证的功夫，还需要在无限心量放大下的见地提升，更需要日常生活行为中的“无私无我”。

就像我们在意识层面，明白了“因缘和合即为相”，也懂得“因缘和合而来，因缘和合而去，不可沉迷于欲念境相”，但是每逢“良辰美景、佳肴美酒、妙声美音”，仍然是“驰骋畋猎，令人心发狂”，生命还是会在驰骋中快速消耗，还是会留下一地鸡毛。

纵然知道自己“被色受想行识牵引羁绊”，也仍然是“看得破，忍不过；想得到，做不来”。

所以，不仅要有“照”的功夫，还要在柴米油盐酱醋茶的点滴生活中，在锅碗瓢盆的磕磕绊绊中，在七大姑八大姨的让枣推梨中，真真切切地做到无我无私，才有可能了脱世间烦恼和一切苦厄。

符号不是本体？

中国传统文化的根脉，在于《易经》，很多人都觉得其神秘玄妙。

其实，这只是我们对几千年前的表达和比喻，感觉生疏而已。

阴和阳，都是符号；

父和母，也是符号；

男和女，亦是符号；

好和坏，更是符号。

所有符号，都是为了表达的需要，没有好坏之分，更没有隐喻和妄想。

如果我们用"分别心"去解读，动不动就开启概念分别和妄念纷飞，甚至沉浸在狂乱幻想之中……比如，看到"夫妇"二字就想到"男女"，看到"性命"二字就想到"双修"，看到"欲练此功"就想到"挥刀自宫"，那么，就不可能读懂古圣先贤的至理名言，更不可能领悟其大道心法。

所以，老子感叹"道可道，非恒道"，所以武林绝学从来都是讳莫如深。

"观"和"照"的功夫，也是这个道理。

就像"祸兮福之所倚，福兮祸之所伏"，好中有坏，坏中有好；我们按照这个道理推而广之，"父中有母，母中有父，男中有女，女中有男"，再上升一下就是"阴中有阳，阳中有阴"，可以说"阴和阳、父和母、男和女、好和坏"都是没有分别的，所以，"照"是没有分别意识的"一体同观"。

心起念动，先生分别，是我们心识中不得不面对的关隘，只有参透了这一关，才能从"观"的境界，精进到"照"的境界，才能真真切切地证悟"照见五蕴皆空"的符号深意。

"摘叶寻枝，执象泥文"至多算知识，够不上思想，更谈不上智慧；跳出符号的遮障，超越分别的意识，才是发动"能知"后的智慧开启。

精进纯熟

无寻无伺

刹那之间

了然于胸

一定要上学？

菠萝包里没有菠萝，鱼香肉丝里也没有鱼。

所以，书本里既没有黄金屋，也没有颜如玉。

同理，学校只是提供学习的机会和平台，至于修养、提升和历练，都还是要靠自己。

如果我们被动地沉浸于知识填充和机械训练，靠着眼睛看、耳朵听来获取信息，恐怕只能停留在意识层面的逻辑思辨，而无法进入心识深处，以至于现实的人生，在波谲云诡的世事变幻面前，只有招架之功，毫无还手之力，只能靠意识幻想出来菠萝和鱼，来诓骗和安慰自己乏力的心。

所以，人一定要学习，但却不是为了一纸文凭，只要是自发主动地学习，无论在学校，在社会，还是在码头……都能“世事洞明，人情练达”，无数往圣先贤，都用人生的事实做出了证明。

学习的动机，不是知识累积，而是通过熏修、熏习、熏洗，开启自性本体的智慧，所以，中国的私塾教育自古以来就是“依文不解义”，却培养大咖无数。

只要向内省视，就能看到菠萝、觉察真鱼、照见空性；所以，无论我们的孩子进入哪所学校，或重点，或普通，都不必过于介怀，哪怕孩子不愿上学，或考不上大学，也不必太过强求，因为，老婆饼里没有老婆；面包树上没有面包。

只要打开内心深处的智慧，没有什么是我们学不会的，到那时，处处都是学校，人人都是老师。

何为家教？

自从学校教育普及后，家教这个词，就越来越陌生了。

在家长眼里，教育孩子是学校的事情，家长的责任就是每天接送孩子，并且照顾其生活起居……于是，家教就沦落为保育，以及对学校和老师的百般挑剔。

在老师眼里，班里有那么多孩子，怎么可能面面俱到呢？况且，当老师，拿份工资，无非是把知识传播到位，至于教育，乃至教化，主要应该还是家长的责任，于是拼命给家长布置各种任务……

华夏传统文化中，最重要的教育——人格教育，就这样缺位了。

在中国漫长的历史中，家庭教育从来都是人格教育，而且是不可替代的人格教育，所以，才有了经史子集，以及《诫子书》《了凡四训》，等等。

而且，父教和母教，都是非常重要的。

《三字经》中说“子不教，父之过”，可见父教的重要性和责任感。

母教也是辅牙相倚，孔丘、孔伋、孟珂，都是在只有母亲的单亲家庭中成长，足可见母教的伟大，绝非照顾起居饮食那么简单。

如果我们细心观察，就会发现，不仅社会人士的家教缺位，就算是教师家庭，亦然如此，因为，一旦技能占据教育主导，无私的光芒就会黯然淡去。

教育的无私，不是免费读书、听课，而是培养拥有无私胸怀的孩子们。

《诫子书》是写给谁的？

很多人都以为，《诫子书》是诸葛亮写给儿子诸葛瞻的，《了凡四训》是袁了凡写给儿子袁天启的。

那么，为什么《诫子书》只有86个字？

为什么《诫子书》中没有发财致富之术、治国安邦之策、方技术数、妙计谋略、匠心工巧……而只有“静以修身，俭以养德”？

古圣先贤，师行天下，“以天下人为子女，以子女为天下人”，表面上是写给自己的孩子，实际上是写给天下人的！

然而，纵然诸葛亮经纶济世，袁了凡慈悲为怀，无论是心性修养的功夫，还是见地和心量，都堪为人师，但是，天下人，又有几个人愿意听呢？所以，也就只能写给自己的孩子了。

这叫“假私济公”，也叫“借私为公”，又可谓“私就是公，公就是私”，一体同观，了无分别。

可惜的是，现代教育强调知识教育、技能教育、职业教育，对于大道经典，则是以偏概全地摘录到语文课本里，在以管窥豹中将天地大道惰化为“语文知识”，这既是对中华古国文明的枉费，也是对现代教育资源的浪费。

在数千年的传统教育中，摇头晃脑的先生们，把“经史子集”丢给莘莘学子，各自去看、去读、去学……然后每人写一篇文章，看谁写得高妙，论得旷达，辩得无碍，这不是语文，不是知识，不是思想，而是用天地间的大道心法，来培养震古烁今的圣贤高士。

以子女为天下人

以天下人为子女

计利应计天下利

求名当求万世名

儒释道都是马甲？

说起儒释道，迎面而来的问题就是“儒释道的差别在哪里？”

我们大多在学校成长，习惯于用知识、概念、内涵、外延……认知事物，所以产生了各种观点、看法、判断和思想，早已习惯于从差别入手，进行逻辑解析和思辨。

然而，“天下无二道，圣人不两心”，在圣人眼里，道体不二，一体同观，世间万物万法，了无差别。

更何况，儒释道的圣人，“不落声闻，不堕名相”，超越知识，超越思想，在智慧的世界里，济世渡人是唯一目的，所有名相、概念、说辞、妙喻、棒喝、偈颂、话头、故事、符箓、传说、咒语、文章、经论……都是手段和工具。

所谓的“存心养性”“明心见性”“修心炼性”；

所谓的“自立立人、自利利他”“无我相人相众生相寿者相”“无我无身”；

……

其实都是应机教化，由不同的圣人，在不同的环境下，针对不同的对象，从不同角度，采取了不同的表达方式，表达的却是同一个意思！

然而，世人不解，于是“执象泥文”，习惯性地用逻辑思维来区分，甚至贴上标签，更有甚者，用衣帽名相来“画地为牢，插旗而别”，更可怕的是，还有很多人拿着马甲标签来“开山立派，占山为王”，忽悠钱粮。

如果我们以差别心观天下，执着于逻辑概念，就会“落入声闻，堕入名相”，生生世世像书虫一样，“只闻书香，不见真法”。

何为一代宗风？

一代宗风，既不是出门时乌泱泱一大堆人，也不是门人信徒成千上万。

不同的宗派，分别对应不同的法门，接引不同类型的世人。

就像通往北京的路有很多条，有人坐飞机，有人坐高铁，有人自驾车……然而，空航没必要嘲笑高铁，高速也不必笑话国道，这叫“各行方便”。

更何况，接引世人走向天地大道，不同于做生意，既不存在市场竞争，也没必要互挖墙脚，更不需要针锋相对。

所以，但凡能够长留青史的一代宗师，都是胸怀天下的人物，既没有门派之见，也没有倾轧之行，相反，喜欢自赞毁他的，大多是名利场上的蝇争蚁逐之辈。

当然，“没有门派之见”不等于一团和气，“一代宗风”也不等于慈眉善目，横眉怒目、当头棒喝、拍案而起、破口大骂……都是宗师们对待歪门邪道、迷信戏论的不二选择，所以，如果我们仅仅以自己眼、耳、鼻、舌、身、意的感受，来判别一代宗师，就落于“师相”而误入歧途了,不仅会错过高人,甚至可能认魔为师。

因为，真正的宗师，反而不以“师相”示人，因为他们懂得：

世间万相，都可借假修真，唯有“师相”，有百害而无一利。

之所以被冠上“开宗立派”的帽子，其实都是后人打着旗号占山头用的。

翻开历史，就会发现，具有一代宗风的高士，活着的时候，往往并不被世人所尊崇，不仅没人前呼后拥，甚至一生遭人笑骂嘲讽，但是，历史总是在大浪淘沙中，慧眼识珠。

圣贤皆知悔和愧？

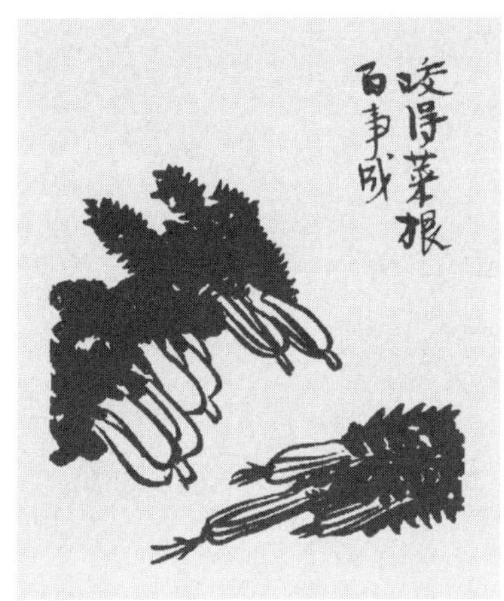

《菜根谭》中说“谢豹覆面，犹知自愧；唐鼠易肠，犹知自悔”。

讲的是虫鼠之类，都知道羞愧掩面、悔恨换肠，而我们却活得那么精致利己，掩错饰对，遮羞挡惭，似乎，所有的错，都是别人的，所有的责任，也是别人的，好像自己从未错过。

知悔和智慧，声调不同但音同，而且意义相通。

懂得“知悔”，就离“智慧”就不远了。

但是，如果没有“知力”和“悔力”的双轮驱动，也只能是“望山跑死马”。

先说“知力”，“知悔”，既不是源于对外力的恐惧，也不是停留在嘴皮子上的巧诈，而是心念的转化，“菩萨畏因，凡夫畏果”，真忏真悔，不是害怕报应的不爽或法律的惩罚，而是发自内心的正念生起，是彻头彻尾的洗心革面，是“勇于改过，永不蹈辙”的决绝和毅然，有此“知力”之后才能生起“悔力”。

再说“悔力”，一时“知悔”，至多算心存善念，还算不上行动修证，更谈不上慈悲，知忏能悔，需要时时向内省视，从起心动念之初就“谋于未兆，治于未病，不起悔事，自然不生懊愧”，久而久之，从习惯累积至习气，再从习气上升至习性……直至在经年累世的修习中，脱胎换骨。

有此两种力量保驾护航，就能在各种生活烦恼的侵袭中，岿然不动。

天下无二道

圣人不两心

门户惹执拗

宗风无师相

“能知”奇妙通百锁？

如果世界上有一把钥匙，能打开所有的锁，甚至解开所有的心结，那就是“能知”。

“知道”分两种：一种是“所知”；一种是“能知”。

不动之法谓为“所”，自动之法谓为“能”，我们可以简单地理解为：“所知”是被动的外在牵引，而“能知”则是主动的内在寻伺。

或者说，“所知”的增益，源于外在照亮；“能知”的透彻清爽，则源于自性本体的光明。

比如，我们上学，课程门类、内容设置、考试大纲都是千校一面的制式体系，纵然学分越来越多，学历越来越高，都只是被动填充下的“所知”量变，而非质的突破。因为我们不得不被学分牵引，被大纲束缚，被门类框套。

“能知”就不同了，文能提笔写文章，武能上马平天下，经纶济世，出将入相，开悟修证，都是水到渠成，所以，唐代香严智闲说过“一击忘‘所知’，更不假修持”，只有忘其所知，才能打开心智的力量，进入“一通百通的智慧世界”。

所以，“能知”的机理告诉我们，“万物自化，万结自解”，一切都只能靠自己，这叫“智本无依，力源无执”。

省悟犹学车？

“知之一字，众妙之门”。

如果沉浸在“所知”之中，知识就变成了负担和遮障，纵然奋力前行、快步如飞，低头看时，却猛然发现自己居然在原地踏步。

量变，不一定转化为质变。

比如一个老司机，告诉我们怎么行走险道，遇到紧急情况如何应对……这些从“所知”而来的经验教训，纵然宝贵，纵然我们一字一句地做笔记，却“耳进耳出，无法停留”，就像我们从小学英语，多年不用也就忘得一干二净了。

这就是为什么要“悟”？

通向大道的智慧，唯有“能知”，绝非“所知”。

如果，我们亲自驾车上路，在复杂路况下独立解决了各种难题，这种终生难忘的修习带来的机敏和警觉，甚至能够融入身体机能，在遇险时迸发出的快速和力量超乎想象。

心性修养的旅程，即是此理。一个老前辈，无论多么苦口婆心，对我们都是收效甚微，只有自己实证实修，脱下鞋子，卷起裤腿，光脚下水，才能体会水的冷暖，所以说“春江水暖鸭先知”。

“悟”是“能知”产生的效果，“所知”纵破万卷，也只能是可望而不可即，所有老前辈的“说法”，都只是增上缘，仅有锦上添花的增益，却无雪中送炭的功能，更没有对症下药的实效，所以说“说法者，无法可说，是名说法”。

利钝学狮子？

很多人，都喜欢谦虚地说自己“根器愚钝”，难以发动“能知”，所以依赖声闻，希望能够多多提点。

宋朝释普济曾言：“直须狮子咬人，莫学韩卢逐块。”

韩卢就是善驰的猎犬，貌似勇猛，追逐的却是别人抛来的肉块，所以永远被别人牵着鼻子走；狮子就截然不同了，荒野觅食，独自在环境中寻伺，在长久的寻觅和守候中发现机遇，快速设计方案和路径，自己对自己负责，直奔主题，不假他人。

所以，狮子是真勇猛，勇入险境，不惧恶战，敢燎烈焰，不贪小利；猎犬则是假勇猛，貌似勇猛，来势汹汹，实际上不过是一场演给主人看的苦情戏，听人羁络，任人叱喝，遍体鳞伤，不过是为了一口嗟来之食。

所以，利钝不是问题，关键在于是否勇猛决绝。

假勇猛人，一步三回头，步步为营，稍有挫折就安营扎寨，梢遇诱引就嗷嗷大叫、追逐奔跑。

真勇猛人，就像“将军赶路，不追小兔”，直上万仞，直取险隘，不惧风雨，不畏严寒，废话不说，闲事不做，一切放下，克期取证，誓不回转。

利钝聪愚，都是差别心，天道无亲，一视同仁，每个生命都有自己的归途，只要坚毅决绝，便有筋钢骨铁，自然能够发动“能知”，也势必竿头精进。

根器无利钝

勇猛有差别

将军要赶路

决不追小兔

白粥引“身见”？

早餐吃白粥，到底有没有营养？

表面上是科学问题，背后则是认知问题。

通过科学仪器的实验和检测，对世界进行认知，叫“依通”，通是通了，可惜有所局限，依于肉眼就局限于视力，依于仪器就局限于设备；就像我们能通过望远镜望得很远很远，但是如果就此认为“宇宙就这么大”，那还是“执着身见”。

“身见”一来，就有执着，“执着于我”，“依我而循”，于是落入“边见”……“非远即近、非大即小”，各执一边，无有尽处，很快，“邪见、见取见、戒禁取见”都随之而来。

中原一带，有种主食叫“面稀饭”，只有面粉和水，在一起搅拌熬煮，似乎没有营养，却滋养肠胃，白粥也是同理。

基于科学实验的实证逻辑，是毋庸置疑的，但是，如果实证是构筑在“眼见为实”基础上的狭隘认知，那就不叫实证了，而是“执着于身见”；现代仪器，至今也很难检测出“气”的功效，更难解释“脉”的机理，但是，却在我们生命的流淌中，无处不在。

那么，我们为什么不放下狭隘，给未来的仪器留下发挥的空间呢？

面糊诱“边见”？

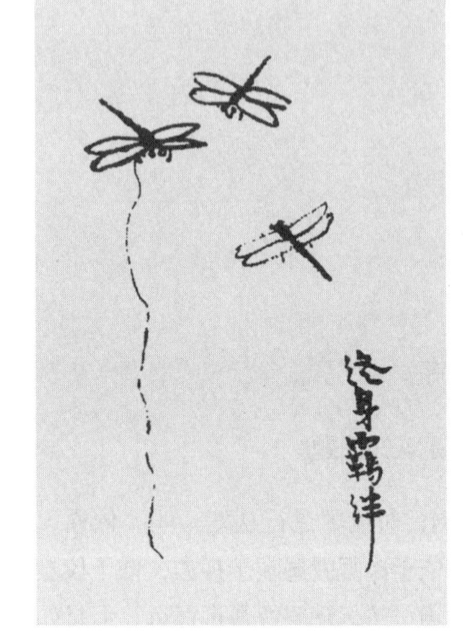

面糊煮水，而成“面稀饭”，易于吸收，不仅留得住，也能降低肠胃的负担。

如果喝了舒服，就说“面糊好”，那么就落于“赞叹的一边”，然而，并非人人适合，谈何好坏，何况，你稀罕又怎知他也中意？

如果感觉一般，就说“面糊不好”，那么就落于“毁谤的一边”，然而，菽麦稻黍稷，养育华夏，谈何高低，何况，你不中意又怎知她不稀罕？

身见，“执着于我”，“依我而循”，就像我们习惯于“察己知人”，以为自己的偏好就是别人的兴趣，以为自己的所恶就是别人的抵触……

边见，则是“执着于边”，“依边而立”，“非好即坏”，“非高即低”，就像群盲摸象，“摸到腿说像柱子，摸到尾巴说像扫把，摸到耳朵说像扇叶，摸到蹄子说像茶杯”，可怕的不是一叶障目，而是相互指责、讥讽、侮慢，而非相互学习，可谓“以盲讥盲，鼓噪是非”。

如果怀着一颗狭隘的心来认知世界，那么，心量的大小也就制约了见地的高度，所以，庄子说“井蛙不可以语海，夏虫不可以语冰，曲士不可以语道”。

只有，放下执着：

不被物欲羁绊，不被身见束缚；

不被名利诱惑，不被边见牵引；

不被识浪障空，不被迷云锁月；

才有可能证悟“净极光通达，寂照含虚空”。

饮茶透三见？

如果我们一味地认为“喝茶”多没劲，既没花头，也不过瘾，“酒肉穿肠过”才是人间春色，那就落于“邪见”；执着于邪，依邪而行，追逐外物，迷于外尘，浸于外境，在飞蛾扑火中“烈火焦蛾”。

如果我们胃火炽热，因为喝绿茶而“身心清爽、耳清目明”，就坚定地认为“绿茶好”，其他诸茶，包括乌龙、普洱、红茶、白茶……都不如绿茶，那就陷入“见取见”；执着于见，依见取见，不明就里，不通根脉，对于绿茶的“性本寒凉，阻碍药效”的属性，则“视而不见，置若罔闻”。

如果我们脾虚胃寒，因为喝绿茶而腹泻不适，于是悔恨交加，急忙告诫父母亲朋和孩子，甚至设立家法“禁饮绿茶”……可怜的孩子，既不明白“法无定法”，更不懂得“入乎其内，出乎其外”，世代传承，不问缘由，夸大其词，故步自封，于是便落入“戒禁取见”；执着于戒，以戒设禁，从此“执象泥文，偏枯苦执”。

所有执着，都不是正知正见，执着于无，则落于“断见”，执着于有，则落于“常见”，只有“空有双融，物我同体”，才能证悟“色不异空，空不异色”的大智慧。

身见有执

边见有依

邪见有狂

破见即知

心量的困笼？

我们听到婴孩哭，就会心情变糟，揪心挂腹，然而，老子说“终日号而不嗄”，婴孩看似声泪俱下，其实并未撕心裂肺，所以整天哭喊却并不嘶哑。但是，抱孩子的我们，却挠心抓肺、坐立不安，因为我们的心境和情绪，总是随着外界环境的此起彼伏而妄念不断。

这就是非量，就像波涛上的浮沤，幻想痴妄，浮想联翩。

近距离看盆景，好像树很大，桥很小；

远距离再看，树和桥其实都很小，不过是微缩景观而已。

这就是比量，就像海面上的波涛，波澜起伏，比来比去。

我们人生的视野和心境，大多停留在微缩景观之中，所以把荣辱得失看得很重，偶尔跳脱出来，貌似逍遥自在，其实是掉进了另一个盆景。

根本上，就是我们“心量太小”的缘故，所以才会“以盆为景”。

心量的困笼，就像无形的绑缚，纵然左冲右突，也难以破壳而出。有的人，在生活中运用“有无相生，祸福相倚”，遇到坏事就多去看好的一面，让自己活得乐观一些，消除心中的阴郁懊丧……然而，无论是乐观还是悲观，本质上都是比量和非量带来的波涛浮沤，没有本质区别。

往圣先贤，就迥然不同了，不生喜，自然也就没有悲，不生妄念，自然也就不会外逐邪思，不论波涛多么澎湃，心境始终像大海一样如如不动。

看看浮沤，再看看汹涌波涛，再看看大海，再看看大海深处……就会明白，我们心中的偌大世界，不过是一幅微缩的盆景而已。

浮沤是真是假？

“身是浮沤心同海”。

浮沤，就是水面波涛上的泡沫，存在短暂，而且变化无常。

我们的每一个思想、每一个情绪、每一个感觉，每一次得失、每一次祸福、每一次荣辱，甚至我们的身体，甚至宇宙万物，都像大海上的浮沤一样，幻生幻灭，短暂无常。

如果我们太执着，浮沤在我们的心中就变成真的，就像盆景中的树木变得很大，这叫“以假为真”；

如果我们能够超然物外，浮沤在我们的心中就是假的，这叫“借假修真”。

非量，就像这浮沤，是海水在宇宙间流动时产生的短暂幻相，也是我们心中的妄念纷飞；

比量，就像这波涛，是海水在宇宙间流动时产生的往复流转，也是我们心中翻腾的痴狂贪执。

现量，就像这深沉的大海，永远在动，却又如如不动。

我们的心理活动，多半属于非量，在浮沤泡沫中，幻生幻灭。

我们的意识分别，多半属于比量，就像学外语时，先产生母语意识，再转变为外语意识，像波浪一样来回翻滚。

有意思的是，大海那么大，我们却视而不见；波浪那么小，我们却很执着；浮沤那么幻化，我们却拼了命地去抓，总想抱在怀里、捏在手里，却“一触即破，一揽即灭”。

个中缘由，既有“心量狭窄”，又有“见地不达”。

跳出浮沤风云变？

我们大多数时间都活在幻想之中。

浮沤、波浪和大海，三者相比，浮沤最小，沧海一粟，瞬间生灭，但对我们心境的影响，却是最大的，可谓“风云变色”。

因为，一旦心生渴望，就会活在幻想和妄念之中。

比如，我们购买双色球、七星彩、大乐透之初，会先幻想“被天上的馅饼砸中”之后做什么！

不论是举杯狂欢、胡吃海塞、买楼买车，还是孝养双亲、扶弱助困、嘉言行善……都是在浮沤之中妄念纷飞，没有本质区别。

炒股、炒房、炒币，也是这个道理。

但是，值得一提的是，能够在资本市场长期获利的人，往往是那些跳脱非量思维的人，这些人往往能够看破浮沤，尽量去除泡沫对自己心理活动的影响，达到这个境界之后，就可以叫“投资”，而非“炒作”了。

人生的浮沤，比资本市场更为幻化多变，神出鬼没，无处不在，不仅仅只有功名利禄，随便一句话，就能激起“浪花四溅，浮沤飞腾”，可谓防不胜防。

更何况，纵然是资本市场的传奇人物，跳得出浮沤幻相，也依然沉浸在波涛比量之中，无非是大波浪，还是小波段。

积重总是难返，如果要化解浮沤和波涛的袭卷，祛除非量和比量的浸染，就需要时时向内省照，只要“制心一处”，就能“无事不办”。

比量分别波浪翻滚

非量虚妄浮沤幻灭

现量如如大海寂然

空有双融物我同体

问啥答啥？

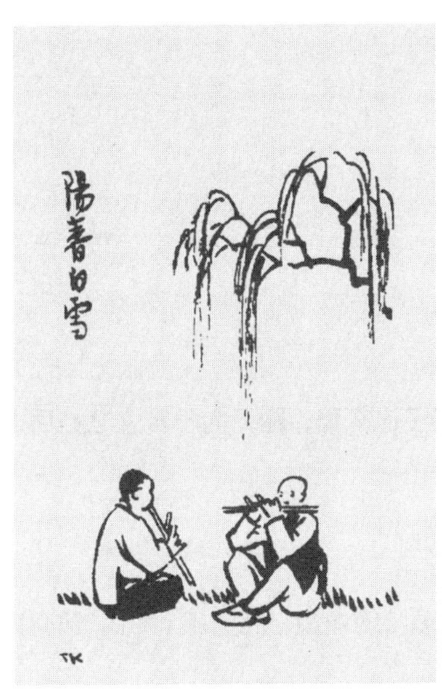

我们过日子，总是在揣摩别人的心意。

当别人问“这是什么东西”？

我们却常常回答“这是谁谁谁送给我的……”。

不是因为言语误解，而是因为我们揣测对方的真实意图，认为对方“不是想知道东西，而是想知道来源”。

这既是生活中的精巧心计，也是生命中的无谓耗散，因为我们的揣测，大多是波涛浮沤中的妄测，而非寂然大海的真实。于是，生命中宝贵的时间和精力，常常被消耗在这些无谓的误会、解释和磨合当中。

同样的问题，如果问小小孩童，得到的回答，往往是“直白干脆斩钉截铁、铿锵有力嘎嘣脆”，因为没有那么多巧妙心思和社会经验，自然也少了那些妄念纷飞和乖张嗔怨。

当然，童言无忌的“见山是山，见水是水”，少了些“方中有圆，圆中有方，拙中有巧，巧中有拙”的曲而不媚。

所以，心性修养中的“答应所问，行应所知”，不是简单的返璞归真，而是喧嚣落尽的万籁俱寂，是大道至简的自我减损，在含藏万物中“见山只是山，见水只是水”，不增也不减，不生也不灭，不垢也不净。

问啥答啥，知啥行啥；

不是缺心眼，而是纯真厚道；

不是一根筋，而是大巧圆润。

转念路更难？

有人问，以前做个普通人还没这么难，踏上内省转念之路后，为什么活得越来越艰难了？

大艰方能大得，大难才有大果。

内省转念的艰难，并非缘于艰难的增加，而是在于对内省的有所察觉。

我们浑浑噩噩时，不知是非对错，没有敬畏之心，放纵邪侈，恶稔祸盈，不知悔改，恶果来临时，并不觉得是自作自受，而是觉得自己时运不济，不但不回头，反而绕路前行，直奔南墙。

踏上内省转念之路，修忏知悔，纤毫毕现，稍有果报，便有察觉，这正是省照的功效所在。

所以，转念的艰难，不是悲惨，而是幸运。

"种瓜得瓜，种豆得豆"，就像脸上长了青春痘，早省，则早醒早悟、早悔早忏、早改早纠、早睡早起，那么就会早消早退；如果晚省，积重难返，大厦倾覆，痂疮瘢痕，脓肿坏死，结果更可怕。

所以，转念如同"逆水行舟，不进则退"，如果没有向内省照的勇猛，没有直面惨淡的刚毅，遇难则退……那么，心魔更多，就像戒烟一样，一旦复吸，烟量不减反增。

内省转念的路，确实比入世外逐的路更艰难，更费时间，更费气力，更费心神，更考验意志和信念，因为：

"消除青春痘"本身就比"涂脂粉饰"更难。

老实过日子？

中国的圣人孔丘，《论语》记载“于乡党，恂恂如也，似不能言者”，纵然在朝野之上侃侃而谈，回到家乡也是谨言寡语。

古印度的圣人“希有世尊”，《金刚经》记载“饭食讫，收衣钵，洗足已，敷座而坐”，既没有头顶发光，也没有脚踩祥云，更没有侍佣伺候，和我们大家一样，吃饭穿衣，收碗洗脚，平凡朴实。

极绚烂而归于平常，大道真法就在我们平实的日常生活之中，认真对待并做好每一件事，就是心性修养的功课，所以张三丰说“饥则吃饭，困则眠”。

当然，相同的外在表象下面，却有着截然不同的内在世界。

张三丰说“精、气、神为内三宝，耳、目、口为外三宝，常使内三宝不逐物而游，外三宝不透中而扰，此金丹大道之正宗”，虽然大家都在吃饭睡觉，但是大多数人却心不守舍、妄念纷飞、彻夜难眠、异想天开、失魂落魄、神游精动……古圣先贤，却截然不同，不会跟随眼、耳、鼻、舌、身、意而沉浸于色、声、香、味、触、法的境相之中，不会在波涛浮沤中驰骋畋猎，吃饭就是吃饭，穿衣就是穿衣。

所以，六祖惠能座下的青原行思说：“三十年前未参禅时，见山是山，见水是水；及至后来，亲见知识，有个入处，见山不是山，见水不是水；而今得个休歇处，依前见山只是山，见水只是水。”

在喧嚣浮躁的尘世中，能够老老实实地吃饭睡觉过日子，本身就是心性修养的功夫流露。

极绚烂终归于平常

甚璀璨毕安于老实

意不外逐聚而回真

神不外游空谷常虚

真假孙悟空？

“仙神遍地走，大师多如狗”。

内省求证，是一条艰难曲折的路，需要循序渐进，但是，有人急于求成，有人滥竽充数，有人沽名钓誉……所以，早在魏晋南北朝的时代，就已经满街都是手摇鹅毛扇、身穿八卦袍的“高人”，其中不乏有两下子的“六耳猕猴”。

在我们肉体凡胎的眼中，很难区分谁是真高人，谁是假高手，但可以肯定的是，假模假式的孤高自傲与惟道是从的气节风骨，有着本质区别，装模作样的大师人设与实证实修的俭约平淡，有着实质不同。

至简的评估标准有三个：

首先，一定要清心寡欲，如果整天在名利场上打转转，被钱财、名气、流量、人设驱赶着，纵然有心修证，也只能是在门外徘徊，无法实实在在地入门；

其次，一定能辨得真妄，虽然“借假修真”，但不会“执假为真”，更不会在世间境相中痴迷沉浸；

再次，一定有“坚定不疑心、勇猛精进心、誓不退转心”，如果被人几句冷嘲热讽就坐不住了，恐怕也未入其门。

至于假悟空，不止有六耳猕猴，世间万象有多少种，就有多少种假。

当然，走在西行路上的真悟空，也还不是圣人，虽能辨真妄，却也有我执，纵能破名利，但也有私心……毕竟，向内省视的路上，心魔频频来袭，不仅会有贪执，还会有嗔妄、有疑窦，更会有反复，可谓“真中有假，假中有真”，所以，我们不必过多苛责，更不能求全责备，管好自己才是正事，因为：

“各人吃饭各人饱，各人生死各人了”。

执着修养也是尘？

有人问“如果执着于心性修养，是不是也落入‘痴执’了呢？”

乍一听，似乎有理，但是，我们应该明白，“以假为真”和“借假修真”，有着本质不同。

孔子说“道不远人，人之为道而远人，不可以为道”，批驳的就是这种“痴执于道，以假为真”的歪门邪路。

真正的心性修养，既不是钻进山林远离尘世，也不是不问世事偷安一隅，而是“胸怀天下，立己达人”，那么，向内省照为什么要“外息诸缘”呢？

其一，这个“外缘”，并非天下苍生，而是五色、五音、五味……只有能息尽息，才不会陷入“驰骋畋猎令人心发狂，难得之货令人行妨”；

其二，这个“外息”，并非死灰灭烬，而是“尘埃落尽”后的“生生不息”，是置之死地而后生的机窍，这个道理，就像“无为”不是没有作为，而是“为无为之事，行不言之教”；

其三，纵然有阶段性的闭关专修，也是通达自性本体的常用手段，更是尘埃落尽的有效途径。

只有“拿得起”，才能“放得下”；

拿起“痴执”，是勇猛地“借假修真”；

放下“痴执”，是智慧地“去假存真”；

只要不“以假为真”，就是大道正途。

入“舍”不挥泪？

有个词叫“蝇争蚁逐”。

把这个词和“如蝇聚膻、如蚁兢血”连在一起，就很形象地刻画了我们半辈子的人生，甚至是经年累世的生命形态。

只有舍弃“外逐”，才能唤醒“内照”，这就是“不舍不得，有舍有得，小舍小得，大舍大得”的奥妙。然而，我们在患得患失和精打细算中，却期望“不舍也得，小舍大得”，而且还是“舍卒保车，舍车夺帅”……这，不是“舍”，而是钓鱼或交换，人算不如天算，“只进不出，只赚不赔”的结果，往往是“折戟沉沙，血本无归”。

所以说，“尘劳网密，非智刃而莫挥”。

那么，我们又如何才能“手持智刃”呢？

孙猴子当年漂洋过海十几年，才来到“斜月三星洞”，目的就是求得长生不老之法。真悟空，心量不会停留于“蜗牛角、石火光”，时间维度是星河光年，空间维度是无垠宇宙，所以，自然不会被尘劳吸附，更不会被境相诱引。

看到美味香艳的饵食，能想到肠穿肚烂的结局；

看到酒足饭饱的趾高气扬，能想到各怀鬼胎的算计；

看到功名富贵的呼唤，能想到祸因恶积的横逆困厄。

所以，别觉得自己吃了天大的亏，别动不动就卖惨挥泪……我们的舍弃，不过是引人上钩的钓饵；我们的助人，不过是将功赎罪的功课；我们的赠施，不过是释放自己心性的机会；放大心量，辨得真妄，才能在“不取于相”中如如不动，才能在风雨雷电中“处之淡然”。

笑别精致利己的过往，不是丢盔弃甲的显示，而是境界上升的表现。

时间维度星河光年

空间维度无垠宇宙

真假立辨坚定不移

虚妄秒现誓不退转

风力仅为助？

很多人，都期待有朝一日能“站在风口上”，迎风起舞，所以，有人站在村口等风来，有人背起行囊追风去，都准备借势腾飞。

然而，“是狼到哪里都吃肉，是犊子到哪里都挨揍”：

如果我们是苍鹰，无风可展翅，有风可借力，更不用担心“平安着陆”；

但是，如果我们是头猪，没有孔武有力的翅膀，没有柔韧坚毅的腿爪，纵然随风而起，又怎么驾驭方向和精准落地呢？

“只见猪上天，不见猪摔死”，飞得越高，摔得越惨，身败名裂都是势在必然。

御风而行，要靠自己，靠内力，而非外力。

如果自己“肥肠满脑，贪得无厌”，甚至“恶行滔天，罄竹难书”，那么这滔天的飓风，不是送我们上天，而是送我们入地。

如果自己“博施济众，善行不断”，自然“身轻如燕，仙风道骨”，稍一振翅，就能随风起舞，翱翔天际。

另外，还有心愿的力量，就像飞机的发动机。如果只愿自己身体健康、学习进步、工作顺利、家庭和睦、财运亨通……发动机的功能弱，就算有些风力，也难以顺风加鞭；如果愿济苍生，自然功能强劲，鲲鹏展翅九万里。

更何况，所有外力，都是增上缘，当我们饿得浑身发抖并站在路边等待“雪中送炭”时，却只看到“锦上添花”呼啸路过，路过的车，宁愿扶强，也不愿扶弱……所以，不必“心生捷念，投机取巧”，否则“蹒跚不前，徒增烦恼”，老老实实地在“为道日损”中“增益其所不能”，才是最快的路。

明师只能引？

所有外力都是助缘，明师也是一样。只能“锦上添花”，不能“雪中送炭”。

以前的私塾，只是诵读经典，并不讲解，却培养大咖无数。

现代社会，喜欢讲解和注释，所以渴望明师指引，看谁讲得有趣，看谁说得通透……然而，却在耳听嘴问中背负了“所知障”，在名相概念中打转转，不是书呆子，就是书油子，不仅很少培养出高士，还冒出诸多邪师。

因为，在偏执狂见中揣摩出来的“仁义道德”，在波涛浮沤中妄测出来的“真谛卓见”，早已不是圣人的初心大义，更谈不上大道心法了。

所以老子说“道可道，非恒道；名可名，非恒名”，所以孔子一生“述而不作”，因为他们靠的都是自己，也希望世人靠自己，发动内在强大而无穷的力量，而非外在明师的指引。

明师立侧，功能在于“灯塔指引”；

经典诵读，作用在于“熏习参悟”；

实践修证，关窍在于“心一境性”。

只有在不断熏习和证悟中达到“心境同圣贤”，才能发自内心地懂得“微言有大义，经典蕴教化”。

真学习，要在不断熏习中，靠自己亲身体悟和实际修持，从生活的心地法门中省悟领会，以事见理，以理率事，事理相融，而非在明师指引下逐字逐句地“依文解意”。

我们都是芸芸众生中的普通人，既不是王储太子，也不是富贵宝玉，不必渴望明师侧立；经典在，则明师在；纵然人不在，但是心在、意在、事在、理在，更关键的是——“道在”。

白菜净浓妆？

一颗好白菜，放在菜市场，被人挑来拣去，确实挺难受。

好白菜不甘心，毅然离去，在包装卖相、品牌气场等方面，进行系统升级，对市场需求、消费心理、算法逻辑进行了透彻分析，然后带着秘书、助理、保镖、经纪人，大摇大摆地走进各大展会，价量齐升。

其他白菜见状，也争相模仿，于是“大咖多如狗，达人遍地走”。

名利的路上，“不红是死，红了则生不如死”，比如武术太极、医术推拿、艺术声乐、美术书画、曲艺戏曲、戏法魔术……原是载道的传统文化，却沦落为糊口的饭碗，在闹市、庆典和堂会上，被人当白菜一样拱来拱去。斗转星移，心气儿没了，初心也消磨了，某天灵光乍现，“邪念突起，歹意顿生”，索性像那棵白菜一样，给自己披上大咖人设，既能让商品溢价，也能活得有面子。

打着“以术传道”的旗号，实际上，既不求道，也不修道，更不证道，不过是想体面地卖个好价钱。

天下大道，不是胭脂红妆；

世间人心，也不会一直愚昧不灵。

忽悠人者，人亦忽悠之，在白菜上绑上红绳子，写上几句明言妙喻，玩得了一时，玩不了一世……翻开青史，实实在在“体道履德，惟道是从”的人，大多隐姓埋名，见素抱朴，对名利敬而远之，怎么会把虚头巴脑的大师头衔背在身上呢？

“净洗浓妆为阿谁，子规声里劝人归；百花落尽啼无尽，更向乱峰深处啼”，才是传承大道心法的人。

被雨水冲刷过的白菜，总是水灵灵的，透着那股鲜活劲儿。

微言有大义

经典蕴教化

实证知冷暖

喝水自低头

外力无所依？

外力无所依。

那么，我们的身体，是外，还是内呢？

临终弥留之际，我们会觉得痛苦，如果是外，为什么会感受到痛苦？如果是内，那么身体可依吗？

可以肯定，身体是“外”，而非“内”，因为这个皮囊肉身无法恒久存在，每分每秒，都在地水火风的四大和合之中成住坏空。

所以，老子说的是“死而不亡者寿”，而非“不死则寿”。

那么，为什么会真真切切地感受到痛苦呢？

因为我们始终执着于我，从小到大，一直把身体当成我，把我当成身体，习惯性地通过眼、耳、鼻、舌、身、意来认识世界，在色、声、香、味、触、法中颠沛沉沦，没有意识到色、受、想、行、识的空性，更没有去实际修证。

其一，临终痛苦，或有或无，或大或小，都是我们的动物本能，是在告诉我们这个血肉身躯的使用期限已到，也是在提醒我们尽快完成责任和义务；

其二，由于我们长期把身体当成“我”，所以会把遭受的感受、刺激、痛苦，在有意无意中放大，毕竟，有什么比“我”更重要呢？

往圣先贤，临终之际，却总是能够处之淡然，不惊不惧，不留不恋，甚至能够知时知节地“坐脱立亡，洒脱而去”，因为，每个形而上的道理，都可以转化为形而下的器用，既然懂得“外力无所依”，又怎么会恋恋不舍呢？

那么，如果连这个身体都不可依，那些身外之物，还有什么可依存的呢？

不用可惜吗？

有人说，我看你“博古通今，骨骼清奇”，不去求取功名，不去建功立业，没有无用武之地，岂不可惜？

无用之用乃大用。

我们抬头看看天，没觉得天有什么用，但却提供了呼吸的氧气和阳光；再低头看看地，没觉得地有什么用，但却提供了宝贵的土壤和河流。

当我们精于算计，试图把每一份付出都成果化、功名化、利益化，反而把生命耗散了，所以，老子是“生而不有，长而不宰，为而不恃，果熟不有，花开不占”，因为“功成弗居，是以不去”。

更何况，“为往圣继绝学”不是为自己，而是“为万世开太平”，只有“为天地立心，为生民立命”，才是“依道行驶，惟道是从”。

平凡的日子，活得不易，却也不难，不必在“如蝇聚膻、如蚁兢血”中蝇争蚁逐，也不必把时间花在“蜗牛角上较雌雄，石火光中争长短”，因为，“生死海深，匪慧舟而不渡；尘劳网密，非智刃而莫挥”；

只有“不住功相，不取利相”，才能在花屏尘相的追逐中安然处之，才能在梦幻泡影的虚幻中如如不动。

所有付出，都有收获，只有放弃外在的收获，才能获得内在的增益，而且是“一日千里”。

每次“无我”地“利人”，都能证明“所有利人，都是利己”；

每次“舍己”地“救人”，都能证明“所有无我，都是益我”；

所以老子说“天下万物生于有，有生于无”。

内在的收获，才是千金难买的无价之宝，因为，外在的收获，带不走。

悲欣交集？

内省转念，能够带来境界的上升，但也有欣有悲：

欣，因为进入不一样的世界，而且清凉无上；

悲，因为从此与众不同，告别了世俗，告别了亲友，告别了子女，告别了世间的一切。

在这个红尘滚滚的大千世界中，我们不仅堪受诸多苦厄与烦恼，更可怕的是，苦不自知，甚至以苦为乐，以杀戮、贪占、缠斗、痴迷、自虐、倨慢、踩踏、怨怼……为乐趣。

所以，转念之后，必然踏上一条寂然的不归路，没有世俗的乐趣，没有收获的欢喜，没有战斗的昂扬，没有拿下的沸腾，没有兴奋的狂欢，没有红尘的烦恼，没有失落的悲戚，没有沮丧的酸楚，没有黯然的神伤，没有懊恼的怨怼……

告别过去，这是悲；迎来自性光明，这是欣。

在悲欣交集之中，我们完成了破茧化蝶和脱胎换骨，在世人眼中，这是难以理解的境地，这里尘埃落尽，寂静无声，无住无相，无心无语，无我无为，无形无依，有的只是“惟道是从，惟善是行”，做的就是“自立立人，自利利他，自觉觉人，自明明他”。

“柳絮飞残铺地白，桃花落尽满阶红”，有烟火才叫世间，所以：

不会人人都踏上这条路，但是，终究都会自我觉醒。

各人吃饭各人饱

各人生死各人了

法本无依淄自化

力源无执上万仞

嚼裹儿不是事业？

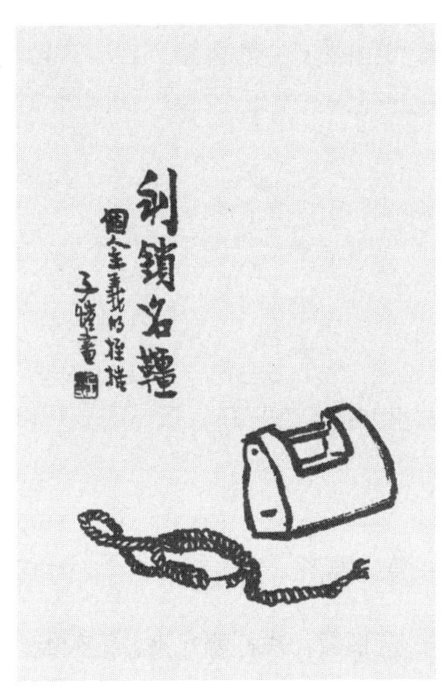

有个词叫“嚼裹儿”，生动形象地描绘了我们的人生，嚼是吃饭，裹是穿衣，既有动物的本能，也有人类的虚荣。

更有意思的是，我们虽然都有差不多的嘴巴和身形，但是，每个人嚼裹儿的数量，却千差万别：

有的人，裹住自己一个人一辈子的吃喝，足矣；

有的人，裹住一家人几辈子的衣食住行，却还嫌少；

有的人，百亿身家却还嫌裹得太少，为了掩盖“人心不足蛇吞象”的事实，常常拿“事业”来说事儿。

然而，“举而措之天下之民，谓之事业”，事业的“事”，指的是利世利他，而非利己私己，如果我们为了一口嚼裹儿，忙于算计，甚至把自己都给算计进去了，处事精明，甚至精明到把自己都给骗了，那不是事业，而是“自欺欺人”。

所以说“计利应计天下利，求名当求万世名”，当超然物外的出离心与日俱增，唯利是图的功利心就会失去立足之地，嚼裹儿，自然就不会成为我们行走世间的缰锁羁绊，这就是“无我”的实证实修。

吃饭也套头？

有句话叫“天下无如吃饭难，世间莫若修行好”。

因为，几乎每顿饭都是“套头饭”。

不仅吃别人的饭，嘴软手短，骑虎难下。

吃自己的饭，也是一样套头，这顿饭，钱打哪儿来，下顿饭，又从何觅，都是我们不得不面对的。

所以道家有个法门叫辟谷，不再以谷为粮，而是与外界环境进行气息和能量的交换。

然而，肉体凡胎的我们，无法一直辟谷，还是要吃饭，吃的依然是“套头饭”，纵然“遁入空门”，仍然有句话叫“佛门一粒米，大如须弥山，今生不了道，披毛戴角还”。

如果明白这个道理，依然敢吃这碗饭，那就是大决绝和大勇猛之心！如果该结缘却不敢结缘，反而是“担不起”的表现，更是“放不下”的流露。

不止吃饭，所有虚名和浮利，都是套头的，但是，该套的时候“畏首畏尾，临阵退缩”，也是不对的，因为，一心只图清静的不是人，而是鸟人，纵然天高任鸟飞，却并没有得到逍遥和解脱，更没有摆脱责任和依附，落地觅食时，依然要低头俯身……

在生活中修心修行，不是放下责任，而是扛起担当。

尘网的吸附？

陶渊明的“守拙归园田”，往往令人羡慕，因为很多人都有“误落尘网中，一去三十年”的感触。

然而，现实总是难偿所愿，“心有禅意，一身俗务”，各种拜托、请托、命托、令托，令人应接不暇，难以推脱，在迎来送往的日子中，消磨得两鬓斑白，仍然没有出离樊笼的可能，更别提“远离八类无暇地”了。

纵然有出离的决绝、修证的慧根；

就算有世事洞明的学问、超然物外的境界；

即使有如臂使指的能力、马到成功的实力；

甚至能不被功名利禄而诱引心动，不为富贵荣华而患得患失；

依然难以冲破“尘劳网迷”的吸附。

因为，越是这样的人，越容易成为令人垂涎的唐僧肉，在鲜花掌声中和绿黛红毯上，还没到西天，甚至刚刚背起行囊，就已经被各种尘劳网密，吞噬得积毁销骨了。

此时，真正的高士，不是拼命挣扎，更不是躲入深山不问世事，而是把“我”放下，把“众生”扛起，在默默无闻中“处无为之事，行不言之教”。

“入得尘网，却不被吸附”。

因为，扛的不是一个人，不是一个家庭，也不是一个族群，更不是一个门户，甚至不是全人类，而是世间的一切生命。

尘网一去三十余年

俗务缠身已过半百

远离八类无暇之地

举而措之天下之民

编户破藩篱？

编户之民，就是被编入户籍的普通老百姓。

司马迁在《史记》中说“千乘之王，万家之侯，百室之君，尚犹患贫，而况匹夫编户之民乎”。

大城市总是歧视小城市，富地方总是歧视穷地方，然而，不论是一线城市还是十八线城市，我们大多数人都是普普通通的编户之民，在“忧贫不忧道”的日子中，本质上没什么太大区别。

纵然大城市的资讯更发达，地铁更便利，但是中小城市的幸福指数似乎更高。

所以，老子说“民各甘其食，美其服，安其俗，乐其业”，这才是“至治之极”的表现，然而，后世少有能做到的，所以司马迁说“几无行矣”。

老子描述的这种“小国寡民”的生活状态，在现代社会看来似乎有些“不求上进”，然而，这恰恰是精神状态达到一定境界之后的必然结果，所以老子这句“知足不辱，知止不殆，可以长久”，已经被普遍接受，并应用于生活实际。

编户，是社会秩序管理的需要，应时而生，无好也无坏；

如果拿着户籍来攀比，无论是自我炫耀，还是妄自菲薄，都是自设牢笼。

所以，作为编户之民，我们突破自我的方式，既不是转战到大城市，也不是迁移到富地方，而是突破自己心中的欲念藩篱。

这就是“无为”的神机妙用。

理解方外人？

我们精心熬制了一锅白粥，起锅时，却掉进去一只苍蝇，“是可忍，孰不可忍”，犹豫良久，倒掉重来……再次起锅时，天花板上又掉落一只蜘蛛，“孰不可忍，是可忍”，想想“白璧微瑕，瑕不掩瑜”，咬咬牙，也就忍了。

这就是我们生存的世界，事事都有缺憾，没有完美，不忍不行……但是，也正是由于我们的堪忍，不愿出离，甚至以苦为乐，所以才会在无休止地轮转中颠沛往复。

节假日外出旅游，跋山涉水，在旅游景区或者寺院道观，会看到衫褂长袍的方外之人，一番客气之后，总是会暗自点评，甚至有着各种各样的非议，不仅仅是品头论足，还有着各种超人性的指责和谩骂，似乎觉得其境界、修为和待人处事，还不如俗世中的自己。

其实，不必如此，方外之人，就像那锅白粥，每天在火上熬煮，好不容易喷香四溢，却冒出了苍蝇和蜘蛛……越是方外人，越是有各种心魔侵袭，面对“借魔修真”的灼烤和磨炼，并非“次次都赢，场场都胜”，当身心都被心魔扰乱后，难免出现暂时的偏离、狭隘、颠倒、痴狂……就像白粥中落入苍蝇蜘蛛，这既是阶段性现象，也是铸炼的必经历程，随着尘埃落尽，大多能云开雾散。

既然，我们忍得了白粥中有苍蝇，为何忍不了方外人有心魔呢？

更何况，“西天取经”不是一蹴而就的，我们又怎么能用阶段性现象，来否定还在路上的师徒呢？

成器反耗散？

我们现代人，不是会的太少了，而是会的太多了……以为“技多不压身”，然而，生命却在“为学日益，以多为功”中被悄悄耗散。

所以，孔子说“君子不器”，老子说“朴散则为器”。

试想，如果我们什么都会，以“器”闻名天下，假设有人来“求字”，我们尚能应付，如果有人求画、有人求诗词、有人求指点、有人求合影、有人求切磋……那么，哪里还有修证大道的时间呢？

“形而上者谓之道，形而下者谓之器”，“道”是抽象的法则规律，“器”是具体可感的物体，“器”是“道”的表现，没有千变万化的“器”的支撑，道也无从发挥作用，所以，“器”是我们问道、修道的手段和途径，一旦被沦为功名利禄的手柄，就背道而驰了。

只有“道器并重，体用并济”，才能经纶济世。

无论如何，生命都经不起耗散，欲成大器，唯有专一，如果我们能够三十年如一日地做一件事情，那么一定会“千锤百炼终成钢，百折不挠定成才”，如果，某天“应机偶得一念转”，从“形而下”的器，体悟到“形而上”的道，甚至“峰回路转踏新程”，那就有望“苦尽甘来破茧成蝶，浴火涅槃又更新生”。

器字中间是个犬

方外也有喧嚣地

本立道生义理居

编户也能破藩篱

认知需跳脱？

“闲坐小窗读周易，不知春去已多时”，易学的洁净精微，很容易令人难以自拔，在废寝忘食的推演中，天边已不知不觉鱼肚白。

从河图、洛书、易学可以看出，我们中国的传统文化，建立在天文学和数学之上，从诞生之初，就伴随着科学和智慧。

有意思的是，运用符号逻辑和模糊哲学的表达方式，容易让世人费解茫然，其实，这种“有开有遮”的教化，并非故弄玄虚，而是希望我们能够在亲自实证中成长。

认知的学问，始终都是严谨、科学和清晰，有着精深微妙的魅力，但是，也很容易令人陷入学理之中。很多人皓首穷经，转瞬一世，在“执象泥文，摘叶寻枝”中“落于声闻，堕入名相”，穷尽一生的“为学日益”，也无法进入“为道日损”的实相修证。

“能拿得起，也要能放得下”，只有跳出来，将思维认知与人生实际相结合，在“事理相融”中如琢如磨，实证实修地证悟，才能明白为什么“看山只是山，看水只是水”，一旦勘破此关，就很容易拾级而上。

这时，再看河图、洛书、易学的符号逻辑，就从容不迫了。

就像“上上地”的人给“下下地”的人讲道说理，无论演说得多么通俗，下下地的人，都会觉得高深难懂，只有自己历尽艰辛，真的登入上上地，才会发现，世上没什么高深学理，所有晦涩难懂，都源于我们心性的遮障与痴执。

学术要实证？

不会游泳的鸭子叫“旱鸭子”，没有实证的学术叫“书呆子”。

但是，要真地踏上生活实证之路，也是非常不容易的，不仅没有可以炫耀的学历、论文和各种头衔，而且比学术路更艰、更难、更苦，当然，也更有实效。

学术路，“依文解义”，甚至“训诂考据”，讲求的是“立义必凭，孤证不定”，很容易沉浸在浩如烟海的文献典籍中，不知不觉已白首，既未了悟也未证。

实证路，“解义不依文”，修证过程中每一次的“破关而出”，都是对自己上一个阶段境界的否定，只有一次次鲜血淋漓地剖析和自我否定，才能够带来下一阶段的“冲关而入”，这就是向内省照的大勇猛之心，也是“观自在”的奥妙所在。

所以，学术路上需要生活实证的勘验，实证路上也需要学术钻研的参究。

就好像我们在生活中走参悟的路，很容易陷入身见和狂见，这时可以通过对《易经》和《中庸》的学习和实证，避免自己在“狂禅枯见”中，心魔乱舞；当然，在面对符号逻辑和模糊哲学的表达时，也非常需要参悟来打破自心的关隘。

在向内省照的道路上，所有符号和文字都是“应机教化”，所以说“法无定法”，只有“解义不依文”的勇于实证，甚至独步天下，才能冲破重重关隘。

至理接地气？

很多人都认为哲学是“把简单的复杂化，把懂的搞成不懂的”。

其实，这和学科门类没有太大关系，但是和运用的人，却有直接关系，因为，真正的“大道至理”，都是接地气的，然而：

有些人，为了堆高门槛，建立鄙视链，粉饰所谓的学术性，刻意拒人千里之外；

有些人，本身就只有“半瓶水”，说也说不清，道也道不明，只有“故弄玄虚，蒙混过关”。

等级森严的古印度，有梵文和巴利文，前者高贵严谨，后者平民通俗，但是，世尊说法，用的却是接地气的巴利文，喜闻乐见。

打开智慧的人，总是有办法让人听得懂，虽然是在讲道说理，却能喜闻乐见，可谓“应机方便”，因为，所有传播，都应该从受众的逻辑思维角度，而非自己的论证思辨角度。但是，并非人人做得到：

解悟的人，依文解意，总是越说越复杂，“佶屈聱牙，晦涩难懂”，从书本到书本，从理论到理论，因为缺乏实证，心念浑浊，思维混乱，线索似明似暗，线头搅如乱麻，讲课说理，自然难以穿彻通透，纵然“旁征博引，百用比喻”，也只能越描越黑。

证悟的人，实证有得，修证有力，身心寂静，线索清澈，线头清晰，言语所到之处，自然“吹糠见米”，总是能“简单直接，快速灵敏，直奔主题，直指人心，直击要害”，非常接地气，不仅信手拈来，而且轻松灵动，让听众在不知不觉中感受，甚至参悟到其中深邃的至理。

“依文解意不是道，著书多为稻粱谋”，读懂人心，就能看到心中的期待，“应心结而解事结”，才能“醍醐灌顶，豁然开朗”。

依文解意不是道

聱牙晦涩难流传

喜闻乐见藏至理

吹糠见米靠实证

偷心消了吗？

很多人都奇怪为什么自己一生努力却屡遭窘困，不是功败垂成，就是竹篮打水一场空。

因地不真，果遭迂回。

我们在工业社会中成长，耳濡目染地形成了效率思维，脑子里天天想的都是多、快、好、省，而非“为道日损”，更非“放下喜舍”，于是“偷心”与日俱增。

不踏实、不苦干、占便宜、图功名、玩心机、上套路、投机取巧、偷懒耍滑、豪夺巧取、东诓西骗、弄虚作假、乘伪行诈、越快越好、越多越好……都是生命中的“偷心”，然而，因果不爽，“窃人者，人亦窃之”。

所以，“偷心不除，尘不可出”，必然在经年累世的尘劳中，循转往复。

如果，我们在生活中遭遇不幸，被偷、被盗、被抢、被劫、被骗、被诈、被套、被害……不妨先回溯一下内心，问问自己，是否还有“一念偷心尚存”？

但凡有求，便有偷心。

心性修养的路上，修的是“无我”，证的是“了无所得”，行的是“为道日损”，如果“偷心不死”，就像浮萍过河，纵然下的了水，也无法抵达彼岸，只有“偷心成灰”，才能“知妄即离”。

很多人，期待下水之后，能有人拉一把，然而，内在的修证，只能靠自己完成，纵然教育能够启迪、唤醒和点化，但终究还是要靠自己。

心牵境换了吗？

我们每天早上的好心情，经常被一通电话破坏……刚刚调整好心绪，又像驴子一样，被眼前的红萝卜诓骗牵引。

因为，我们的心，就像高山上巨石的窍洞，外界的各种人和事，就像奔袭而来的海风，风吹窍响，凤鸣鹤唳，所以庄子说“激者、謞者、叱者、吸者、叫者、譹者、宎者、咬者”，万声齐鸣，沸反盈天。

“聚蚊能成雷，声鸣引境迁”，我们的心境，总是随着外在的人和事而变迁，甚至，面对相同的人和事，在不同的场景下，也会生起不同的心境。

“身是泡沫心同海”。

心体澄清，由分别意识而起窍洞，当风吹气袭，就会发出各种声音，如果我们应声攀缘，跟随眼耳鼻舌身意驰骋畋猎，任凭贪嗔痴慢疑万马奔腾，在幻生幻灭的心声中执拗不舍，就会被外界境相所牵引，在心境的不断变迁中“白首空归”。

世间万物，生生灭灭，轮转往复，在自性不变中瞬息万变，如果“依他而起，认假为真”，自然“心牵境换，烦恼不断”，如果“不从生因之所生，唯从了因之所了”，在向内省照中“见性周遍，湛然常明”，自然“万籁俱寂，心境不迁”。

“不管风吹浪打，胜似闲庭信步”，就是这样的修养和境界。

牧牛转头了吗？

我们的心，就像一头野牛，不仅形貌威武，恣任沉嗥，在妄念纷飞中横冲直撞，惹是生非，而且生性倔强，冥顽不化，桀骜难驯，难以调伏。

往圣先贤，在调伏心牛的实证中，积累了诸多宝贵经验，提醒我们要反省、要向内彻照，在“任运相忘，独照双泯”中“人牛两忘，法法圆融”。

然而，我们很难做到，心中的牛，还是在驰骋畋猎中奔逐外境，纵然偶尔有心回首，也很难接受“芒绳穿鼻”的苦楚，就算熬得住鼻子上的绳索，也难以调伏心中的颠狂，所以，莫提“人牛两忘，枯木花开”，能够做到“心性调柔，羁锁无拘”，就已经很少人了。

在牵牛登岭的山上，我们需要脚踏实地、稳扎稳打，稍不留意就会脚底打滑、落入邪门歪道，甚至走火入魔、一去不返，所以，如果我们连自己的心绪都没有调伏，连回首自省的忏念都没有生起，每天在嘴上“谈玄说理、论妙言狂”，岂不是“挂羊头卖狗肉”？

牛，有犟气，也有拙风；

犟而不执，才是智慧的表现；

拙而不痴，才是生活的妙趣。

“见不可狂，循序进阶；识不能枯，应机圆融”，然后才能做到“言近旨远，象显意深”，所以，我们首先要“心中有功夫，行为有节制”，然后才能“手上有本领，嘴上有力量”，否则，牛还是那头牛，只是更狡猾、更痴执、更颠狂了。

心牵境换烦恼起

任运相忘湛然明

偷心不死不出尘

为道日损去习染

这两关你过了吗？

很多人修心，尤其是沉浸在商海和职场的焦心人，总有两关过不去：

一是时空关。

我们可以问问自己，修的是什么？图的又是什么？

大部分人，修的是外在的气质、技巧和谋略，图的是多赚点钱、能升个职、有个好机会、碰个运气、多交几个有实力的朋友发展发展业务或者提升提升人际圈层，如此等等。

然而，越是想如此，越是被人“手拿把掐，捏得死死得”，不是被利诱，就是被套路……向内省照，不是做生意，更不是短期的存款孳息，越是期待这辈子“多多益善”，越是“竹篮打水”，这就是天意的磨炼。

只有突破时空，胸中灿若星河，才能带来心量的放大。

二是声问关。

跟这个学学，跟那个听听，谁的名气大就跟谁学。

不仅攀缘心未除，慢心也是不减反增，始终不明白“为道日损”的机理。

我们循序渐进地破茧而出，靠的是向内省视，而非外在声闻……虽然，勤学好问是好事，但是对声问的依赖，也往往成为向内觉察的障碍，只有真的“内省于心”，才是通向“虚藏万物”的坦途正门。

所有修心，炼的都是“无我法”，如果我们只求自己好过，只望今生安逸，而且靠“耳朵听、嘴巴问”来“为学日益”，那么，这种所谓的“修心”不仅变成了投资做生意，而且很容易在“贪著其事”中落入功勋境相，纵然卸下了世俗的包袱，却又背上了修心的负担，如此放不下，又怎么能“为道日损”呢？

清静不是清净？

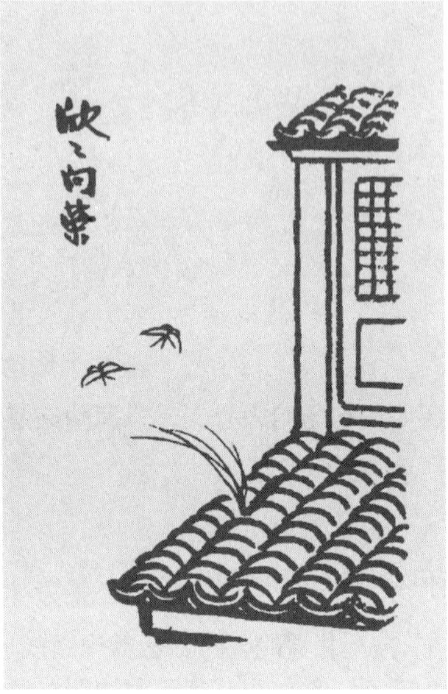

很多人都说喜欢清静，然而，没几天就不甘寂寞了。

世网尘劳，红尘绿黛。

虽有“奔波劳碌，刀口舔血”的无奈；却也有“荣华富贵，锦衣玉食”的艳羡。

所以，没有清“净”的修为，想要清“静”几乎是可望不可及的。

平常，我们的心在敲锣打鼓，眼、耳、鼻、舌、身、意也是热闹非常，习以为常之后，心内和心外，形成相对的动态平衡。如果，心外突然静下来了，心内却不会随之止步，仍旧翻腾不已，旧的平衡反而会被打破，我们就会感到很不舒服，不仅“心绪不宁，妄念不止”，而且会更清晰地察觉到内心“锣鼓喧天，聒噪异常”，难受异常。

因此，很多人不愿退休，甚至恐惧退休，死活不愿离开已经习惯的舞台。

“要想静，先要净”，如果说清净是种因，那么清静就是果实。

若要播下“清净”这颗种子，需要不懈不怠地向内省视，也就是“不逐外境、不迷外尘、不攀外缘、不附外力”。

当省照的功夫，一步步提高，“内恒净，则外恒静”，不论窗外“鼓乐齐鸣，齐个隆咚锵咚锵”，心境始终都能“出淤泥而不染，濯清涟而不妖”。

当然，如果关上窗户，减少眼、耳、鼻、舌、身、意的纷纷扰扰，确实能创造“清静”的时空环境，但是，在熙熙攘攘的生活中，我们不可能置身真空，外来的“纷扰劝诱，颠沛动荡”，都是人生不得不面对的常态，只有内心深处的净化，才是稳如泰山的保障。

铅华照人我？

很多人，都喜欢打听别人所处的修养境界或阶段，经常会问“你到哪个阶段了？”，言语之间，既有相互学习的心意，亦有好奇尚异的驱使，又有相互比较的心态，更有骄慢狂傲的作祟，甚至有揭露真假的意图。

有句话叫“各人吃饭各人饱，各人生死各人了”，别人吃饱了，和我们没关系，我们没吃饱，也饿不到别人，所以，坚定地走生活实证的路，心无旁骛，才是“制心一处”的态度。

不管别人真心假意，先照照自己是否铅华洗尽，评估一下自己所处的境界或阶段，具体方法有很多，比较简便易行的，就是向内省视一下五心的状态，也就是“出离心、忏悔心、慈悲心、恭敬心、勇猛心”。因为：

出离心生起，贪心下降；
慈悲心生起，嗔心下降；
忏悔心生起，痴心下降；
恭敬心生起，慢心下降；
勇猛心生起，疑心下降。

当然，表达上的一一对应，并非事理上的一一对应，五心相因相生，五毒相伴相随，就像忏悔心的生起，既源于对自身偏执的省察，也有出离、慈悲、恭敬、勇猛的共同作用，所以才能够更加接近实相，逐渐让妄念纷飞的分别痴心，铅华洗尽。

如果我们想在心性修养的路上取得成果，不仅要发起五心，还要常居不辍，乃至与日俱增，那么随之而来的信心、恒心、精进心、无畏心，等等，自然生起且常备不懈。

面有铅华不掩光，心若离尘照明月。

沧桑不掩心明

鼓乐不激心妖

富贵不引心攀

离灭不惹心恐

梦境不是假的？

我们进入梦境之后，会感觉非常逼真，惊恐处浑身抖动，情急处大声喊叫，伤心处泪流满面，兴奋处欣喜若狂……

如果认为梦境是假的，那么就执着于无，落入断见。

如果认为梦境是真的，那么就执着于有，陷于常见。

天地间的大道真法，非常亦非断，所以，梦境这种境相，不是假的，也不是真的，是我们内心所思、所想、所忆牵引的念动，与身体健康状态，以及外部的环境因缘，和合而成的意识投射……通俗地说，就是意识中相对独立的妄动幻影，虽然虚假空幻，但是有根有据，虽然不清不楚，但是有来有去。

我们自以为真实的人生，其实也是这样，也是由心投射出来的境相，一切山河大地、日月星辰、荣华富贵、世间万物，都是梦幻泡影，只是我们“信以为真，假戏真做”，因此喜怒哀乐都是那么栩栩如生，牵动着情绪心念，然而，一日觉醒，常常“大汗淋漓，惊魂蹶然，如梦初醒”。

所以就有了卢生的黄粱梦，淳于棼的南柯梦，还有庄子的蝴蝶梦……可谓“一忧一喜皆心火，一枯一荣尽眼尘”，迷失的我们，在时光的往复中，重复着生命的劳尘。

“醒梦一如，尽皆境相”，梦境和醒境，其实无非都是我们的心火眼尘，所以《红楼梦》说“假作真时真亦假，无为有处有还无”。

被人打了怎么省？

当我们被人打了一顿……

如果苦练十年再去报仇，那么就是小规模作业的小农思维；

如果找两个武林高手一起去报仇，那么就是社会化大生产和分工合作的团队思维；

如果果断拨打 110，那么就是现代社会的法治思维；

如果不仅不想着报仇，还能够反省自身的人生，那么就是内省思维了；

如果能够放下自我，不仅“毁誉不动，威仪不失，心境不迁，凝然不改”，还能生起宽仁和慈怜，以柔软的心对待打我们的人，那么就是无我思维了，修的是“无我”，行的是“忍辱”，心量若能如此，世间还有嗔恨、争斗和战争吗？

所以，一念变则万变。

不同的思维和视角，生起不同的心境，投射出来截然不同的外境，而且，不同的外境，又会发生反作用力，如此循环往复。

朋友！别担心“人善被人欺，马善被人骑”，以柔软的心对待外境的人，得到的不是委屈、悲愤、屈辱、郁郁寡欢，而是宽解、包容、逍遥、自在、轻安舒适。

不信？那么，你问问自己，会对自己慈祥的奶奶动手吗？如果已经动手了，会懊悔不已吗？如果已经懊悔了，世间是不是多了一份宽容和祥和？

好人，也会做坏事，坏人，也会做好事；

相信每一个人都能改过，世界就会充满宁静；

性本恶假设，纵然有所保障，却能带来内心的猜忌和不安；

性本善假设，纵然有些风险，却能带来内心的安适和从容。

这既是“心能转物”的大机大用，也是“心一境性”的心法奥妙。

心一境性？

修心炼性，很多人不明白其中的作用机理，说破其实很简单，只有四个字——心一境性。

当然，这不可能一蹴而就，首先要提升专注力，但不是平常看电影、看小说的那种痴迷，也不是那种充满好奇、欣喜、联想、痴迷、企图、梦愿的寻求，更不是那种向外的专注，而是向内的专注，不仅是至诚至义的专注，而且是身、口、意共同的专注，杂念不起，妄想不生，名相不执，对境不迁。

至真至纯的“心一境性”,如如不动,是心境与心性的寂然如如，这个心性，不是那个妄念纷飞的波涛浮沤，而是明心见性后的寂然大海，是不随时空变化的天地大道。

通俗地说，就是我们的心境始终处于“惟道是从，惟善是行”的状态中，而且，永远在这个境界中，天长地久，不受时间和空间的影响。

于是：

无我无为，因为所有行为都是“惟道是从”，而非“我”的主观刻意；

于无为中无所不为，因为“上善若水，水利万物”。

这时，我们再回头看看“心一境性”的作用原理，就会明白：

没有了“我相”和“人相”,自然也就没有了“众生相”和“寿者相”。

只有“道”，与道体相融相生，自然“体道履德”。

德无私，方为厚，“厚德载物”，行的是天地大道，修的自然是“无住无相”的无我法。

梦境非假亦非真

现实非真亦非假

忧喜枯荣皆心火

梦幻泡影尽眼尘

如何“心一境性”？

我们很难一步到位地进入至真至纯的“心一境性”，所以要“借假修真”，循序渐进。

在“为学日益”上，只要“心同圣贤”，就能无往不利。

学儒家，就是要心同孔孟；

学道家，就是要心同老庄；

学释家，就是要心同世尊；

仅此一途，别无他法。

当然，这不是指外表的穿着打扮或行为习惯一致，而是指内在的心一境性。

修证“自立立人，自利利他”，不需要儒履儒帽，而是要儒德儒行；

修证“上善若水，水利万物而不争”，不需要羽扇纶巾，而是要道德道行；

修证“无所住而生其心”，不需要剃发芒鞋，而是要无我无住。

在“为道日损”上，也是一样。

比如参话头，我们看到老子的一句话：“宠辱若惊，贵大患若身。”身、口、意都统一到这个“话头”之中，行住坐卧，都要念念不忘，一言一行，都要切身实证，一定要证入当时当境的当心当意，只有与老子“心一境性”，才是真实修证，否则就是依文解意、执象泥文、摘叶寻枝。

所以，至真至纯的参话头，是“无话无头”，而非“话锋灵机”，因为那些都是逻辑概念，而非本真。

如果说“忘我”的心一境性，是暂时性的手段，那么“无我”的心一境性，就是我们前进的方向和灯塔，指引着我们从不同的大门，走向相同的归途——“自立立人，自利利他，惟道是从，惟善是行”。

聪明不是好事？

苏东坡在《洗儿诗》中感慨：

“我被聪明误一生。惟愿孩儿愚且鲁。”

然而，我们却都希望孩子聪明点、醒目点、机灵点！

其实，真的不如老实点、踏实点、本分点！

古人说“察见渊鱼者不祥”，耳聪目明，似乎看得清楚、听得真切，但是更容易在“五色令人目盲，五音令人耳聋”中“驰骋畋猎，令人心发狂”。

如果把人生的时间线放大，就会发现，确实“聪明反被聪明误，聪明常被聪明误”，甚至“聪明总被聪明误，聪明定被聪明误”，所谓的聪明，往往造下更多的贪图、急切、巧诈，甚至是狡黠、刁滑、奸惰，包括言语、意念和行为。

所以，老子说“塞其兑，闭其门”，兑卦代表嘴巴，门则代表的就是耳朵和眼睛，提醒我们不要散乱，甚至还说“我愚人之心也”，提醒我们“敦兮其若朴，旷兮其若谷”。

所以，郑板桥感慨“难得糊涂”。

当然，愚鲁糊涂，不是“是非不分、真妄不辨”，而是“见素抱朴、少私寡欲”，是行走于天地间的大道法则，而非精巧工致的妄念私欲。

知字众妙门？

打群架的时候，我们会选择有利的地形和站位。

既能保护自己，也能攻击敌人，这就是“利益决定立场”，久而久之，就形成了下意识的习惯。

当利益越大，立场就越坚定，拼命维护自己的利益、情感、心态、社交、声名、行为、观点、决策，尤其是站位，可谓“偏执嗔狂、执拗痴迷”。甚至，为了让这种维护更具说服力，我们还会从详加论证，树立榜样，建立模板，演讲辩论……坚定自己，也教育孩子。

于是，立场决定了“所知”，不是因为“所知”是真理，而是因为“所知”能够让我们利益最大化。

“一击忘所知，更不假修持。”

“所知”无法带来觉醒，日复一日地“为学日益”，只能带来量变而非质变，就像无论驾考科日 的分数多么高，都无法驾车上路一样；

“能知”才是觉悟的钥匙，精进不已的“为道日损”，才能带来内心的净化和升华。就像从实证而来“惟道是从，惟善是行”，不会选择站位，永远“与道同行”，不怕挨打挨骂，无论顺逆利弊，始终“毁誉不动，宠辱不惊，威仪不失，心境不迁，笑骂由人，凝然不改”。

只有发动“能知”，才能放下心中趋利避害的“所知”，进入知字的妙门；

只有消去意识作用下的分别心，才能进入“识”字的智慧地。

心一境性惟道是从

知行合一惟善是行

敦兮若朴少私寡欲

旷兮若谷无我无身

好心没好报？

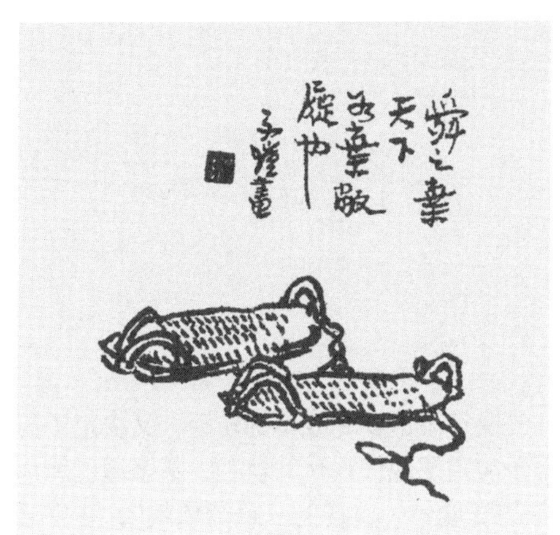

很多人都奇怪，自己一辈子与人为善，至少不是坏人，更没有做过坏事，为什么还会遭遇到那么多不幸？

心地的种子，不仅在行，还在心、在愿、在念，除了行为，我们的言语、意念、期盼、渴求、情绪、表情、颦笑、嗔嗲……都会在尘缘的浇灌下开花结果，或酸，或甜，或苦，或辣，既出人意料，又在情理之中。

纵然，没有做过坏事，只要生起贪念、嗔怒、痴怨、憎恚、怠慢、欺枉、投机，发起痴愿、杀愿、夺愿、毁愿，产生恶念、歹念、毒念、狂念、妄念，就会产生相应的恶花毒果，就更别提，还有我们人类共同的恶行带来的苦果。

明白这个道理，就能懂得心性修养有多难了，不仅要修“心”，还要修“行”，还要修“愿”，还要修“念”，还要修“识”，还要修“见”……

这就是“一念转则万念变”的运转机理，也是“向内省照”的心法义理。

更重要的是，“好心”从来不是为了“好报”，如果每一笔付出都要求有所回报，那就不是心性修养，而是投资做买卖了。

所有天地间的大道真法，无论从哪门哪户入手，修的都是“无我”，假若无身、无口、无意，又怎么会期待好报呢？又怎么会有恶报呢？

修心不为济苍生，不如回家卖红薯。

可怕的习惯力？

两个马屁股的宽度，先决定了古罗马战车的轮距，又决定了英国电车的轮距，乃至于决定了现代铁轨的轨距，甚至通过承运影响了大型机械设备的宽度……这样的“路径依赖”，在生活中无处不在。

习惯力的可怕，也是这个道理。

我们经常在不知不觉中，生起一些念头，产生一些偏好，形成一些判断，做出一些行为……一旦累积沉淀，形成习惯，就会积重难返：

当习惯积累成“习气”，就会产生下意识的影响，在不知不觉中替我们做出判断和决策，甚至产生不由自主的行为；

当习气沉淀成“习性”，就会产生巨大的逆反力，不管“天王老子，王法铁律”，谁管就怼谁，谁的面子也不给，不惜鱼死网破，也要执意而为；

当习性扩张为“习染”，不仅自己犟拗不化，还对周围的人产生巨大的影响，逐渐成为我们经年累世都难以消除的风气；

当习染惰化成“习障”，就会无所不在，在我们不知不觉中张牙舞爪，让我们在无声无息中犯下错误，当恶行开花结果，又会随着风气散播；

当习障交错成“习网”，像地球引力一样，在无形中黏附着我们，经年累世的沉溺轮转，让我们奋进一切力量，都难以挣脱。

所以要“时时向内省照”，在起心动念之初，就按照“惟道是从，惟善是行”的原则予以评估和警醒，该放下的放下，该扛起的扛起……同样在熏习的机理下，形成内照的习惯力，日复一日，年复一年，纵然古稀迟暮，也会像退役的战士一样，始终潜伏着肌肉的惯性。

止字是妙药？

习惯力的浸染、侵蚀和黏附，无时无刻不在发挥着巨大威力，难以对治。

比如贪，已经深入我们内心骨髓：眼睛贪爱美景，耳朵贪爱美声，鼻子贪爱美香，舌头贪爱美味，身体贪爱美触，意识贪爱恭敬、奉承和表扬……以至于我们已经“贪不自知”，不仅毫不思止，反而肆意驰骋，甚至引以为傲，乃至邪慢不止。

往圣先贤，常常描述一幅可怕的未来景象，来吓退我们的贪欲膨胀；也会用慈祥柔软的示范，来引领我们“止于至善”；还会用妙喻透彻的说理，来开启我们的省悟；甚至用自身的实证，来消除我们的疑虑。

但是，无论对治哪种心火，单一的方法，都难以立竿见影，更何况，柔软的心，也很难修养，所以，还需辅以心愿习舍、心欲习戒、心念习忏、心识习慈、心思习止……提升见地、扩大心量，才能有所收效。

同病异治，针对不同的人，还要“对症下药”。

比如，很多人都喜欢挑剔，总觉得这也不顺眼，那也不合意，这其实就是嗔心，还有嫉妒、不满、抱怨、嫌弃、厌恶、讥讽、嘲骂、摔打……都是嗔毒的表现。不讲道理地嗔，叫“违理嗔”；被人恼害而生起嗔，叫“顺理嗔”；认为“自己是对的，别人是错的”而吵闹争论，叫“诤论嗔”。

再比如，很多人都很傲娇，在鄙视链中自大狂慢，这其实就是慢心。瞧不起地位低的叫傲慢，“比上不如，比下有余”叫卑慢，执着于“本不是我”的五蕴叫我慢，把罪恶的技术和数量当成炫耀叫邪慢。

异病同治，无论哪种方法，“止”字都是妙药。但是，外在的“止”只有短期的效用，如果不能转为内止，往往会反扑得更加生猛，只有发自内心深处的“止”，才是治标也治本的妙药灵丹。

就像孙悟空，心中有止，紧箍自消。

好心从不为好报

一念变则万境迁

积重难返堕习网

知止方能渐熏修

魔力也修真？

就像阴和阳没有好坏之分，假和真也没有好坏之分，所以，“借假修真”，也是我们生活中常见的修养方法。

比如，我们都知道发脾气是恼恨之相，是心魔占据身心的表现，但是，有时为了教育小孩子，需要假装发脾气。那么，在怒气冲冲的表面下，如何保持心中不起涟漪、情绪不被牵动？

这，就是生活的考验了。

所以，我们中国自古以来就有教鞭，私塾先生们都手持戒尺，遇到上课打盹的学生也会棒喝；再看几千年前的雕塑造像，不仅有菩萨低眉，还有金刚怒目。

然而，我们发脾气，大多是为了自己，身心牵动，伤肝伤身；

圣人通过发脾气来实施教化，却是为世人，貌似嗔怒，其实却并不生气，发于“无我”，因此“如如不动，心境不迁”。

这就是“法无定法”的机用，不仅仅是怒目，很多修证都是“由假入真”的。

比如“观呼吸”，就是通过呼吸这个身相，来“对治散乱，制心一处”；

比如“观不净”，就是通过时空这个妄相，来“对治贪欲，修证真法”；

甚至，包括“心有所止”，都是通过戒相，来“对治妄念，回归寂然”。

只要我们明白这个道理，就能懂得“无法相，亦无非法相……法尚应舍，何况非法”的大机大用。

所有执着，不是落于断见，就是落于常见，而真法却是非常、非断的。

所以，不必指责别人对自己发脾气，或许，他正在“一边唤醒你，一边考验自己”呢？

忏力有大小？

忏悔，虽然是“亡羊补牢”，却也“为时未晚”，但是，并非每次的洗涤作用都等同，而是存在着不同的力量差异。

如果愿意付出一切，来弥补自己的罪恶，那么忏涤巨大；

如果只是口头说说，来获取内心的些微平静，那么忏涤微小；

如果想通过巧舌如簧，来减轻责怪和惩罚，那么忏涤几无，甚至有反作用。

我们一旦陷入“勤于忏悔、从不改过”的恶性循环，就会永远陷入“看得破，忍不过；想得到，做不来”的轮转往复，每次遇到相同的境况，依旧重复着相同的错误。

所以，至真至纯的忏悔，没有丝毫的投机巧诈心理，是发自内心的悔恨，是源于深处的改过，可谓“自净其意”。

朋友！千万不要把忏涤看得太过简单浅薄；

我们视野中的“深忏”，可能只是高手的“小意思”；

我们感受到的“醒悟”，可能只是圣人的“基本功”。

孔伋在《中庸》说：“诚者，不勉而中，不思而得”，如果我们连忏悔都要像做生意一样，算计一下投入产出，或者患得患失地评估一下失去和得到，那就是自欺欺人了。

所以，孔伋的老师曾子在《大学》中说：“所谓诚其意者，毋自欺也。”

观力需重启？

世界上，没有一个医生会一天24小时地围着我们转，更没有一个仪器会时时省照我们内在的起心动念。

所以，向内观照，只能靠自己，外力无所依。

然而，自从婴孩时期的囟门打开之后，我们就习惯于向外奔逐，起心动念都聚焦于外在的“好看的、好听的、好嗅的、好吃的、好摸的、好玩的”，从小时候的哭喊索闹、你攀我比，到长大后的奋斗拼抢、贪虚慕荣，无非还是为了这些东西。

似乎，我们从未长大……

纵然，有时会感慨“碎银几两，让人心神荡漾”；

即使，也明白“碎银几两，解不了万种惆怅”；

然而，也很难生起“观省之心”，更难发出“观省之力”。

尤其遗憾的是，奔逐久了之后，我们逐渐失去了“观”的能力，在“思、念、忆、想、欲、虑、求、望”中驰骋畋猎，以至于，纵然在意识中发起了“观”的意念，却始终也“观”不起来。

老子说“骨弱筋柔而握固”，提醒我们返璞归真，重新感受“握固”的力量，抱着“水滴石穿”的心态，时时练习，怀着誓不退转的决绝，勇猛前进，才能在尘埃落尽之后重启“观”的力量。

因为，“观”的力量源泉，不是眼睛，而是自心本性。

当然，一切大道，都是至简的艺术，既不繁琐，也不玄乎，只要我们“神凝气聚于自己的起心动念”，向内下功夫，自然就能重启“观”的力量。

就像电脑重启，机器没毛病、开关没问题、按键对得上……一切就会自然而然，水到渠成。

似魔非魔炉火煅烧

不计得失忏涤纤毫

一切随风舍得放下

观力重启直上万仞

定力何其难？

“看得破，忍不过；想得到，做不来”；

我们大多数人，都处于这种状态。

“看得破，想得到”：

就说明，“见地”已经开启，于天地间的大道至理，已经有所感应；

“忍不过，做不来”：

就说明“定力”还不足够，无法事理相融。

就像心中一直有两股力量在拔河：一股在奔逐其外；一股在归真其内，这边多一点，那边就少一点。

所以，几乎所有的修证方法，乃至日常修习的关键，都是围绕定力开展。

然而，定力是难乎其难的，纵然是大修行人，也很难做到“入局不迷”，更别说“住局不迷”和“出局不迷”了。

因此，这不是十年八年的事儿，而是经年累世的事儿，需要各方各面齐头并进，纵然，历经千磨百炼之后，有了那么一点点功夫，也不是“只上不下”，稍有懈怠，就会像花朵一样坠落在粪坑里，所以《西游记》中才有了贪着其事的二师兄猪八戒……只有“不生”，才能“不灭”，定力深层次的根部力量，在于“净”。

所以，“见地、修证、行愿”三位一体，一个都不能少。很多人，为了能够多活几年，勤学苦练太极、易筋经、八段锦、打坐、观呼吸……然而，见地不达，修证又怎么会马到功成呢？

更何况，如果没有行愿的“天下为公”，只是私己而为，再强的筋骨皮在巨大的坠力面前，也会轻而易举土崩瓦解。

知力莫小觑？

很多人都以为，“知”字，仅仅是起点。

比如，化解我们的嗔怨心，首先要“知道”什么是嗔，自己为什么嗔，又属于哪种类型的嗔……然后再有针对性地设计可行性方案，并选择适合自己的方法，然后坚持不懈，随后才能发挥作用。

其实，这种发起“所知”的思维，小觑了“知”的力量。

有句话叫“知妄即离”，从我们发起“能知”，照见自己生嗔怨心的那一刻起，“知”的力量，就已经在发挥作用了，而且这种作用会迁流不停，自然牵动各种对策、方案和法要。

所以，不必太依赖声闻，所有课程、书籍和大咖的点化，都只能发挥唤醒和启迪的作用，至于修证和塑造，只能靠自己，也唯有靠自己，外力无所依，至多也就是锦上添花而已。

不动之法谓为“所”，自动之法谓为“能”，只要我们主动发起源于自性光明的内在力量，而非被动的外在牵引，“知”的力量，就会连绵不绝地喷涌而出。

值得一提的是，“知”是流注渐进的过程，而非断点接续，每一步的境界提升，都会进入令自己耳目一新的清凉世界。

当然，那时那刻，我们不能眷恋清凉而停驻不前，还需谨记“自律克己方为修，无私无我才是善”。

功过格改变命运？

当年，写下《了凡四训》传世的袁了凡，用“功过格”改变了自己的命运。

“善行打正分，恶行打负分，只记其数，不记其事，分别记入功格或过格”，这种看似管教小朋友的方法，被很多人瞧不上，当成小儿科的法门，但实际上却能“滚汤浇雪，立竿见影”。

“是法平等，无有高下。”世界上没有方法是低级的，有时，越简约的方法，往往越直接有效。

有时，一声清澈的笛音，便能让狂心顿歇。

当然，貌似简捷的背后，还有着无数兜兜转转，就像孙猴子，花费十余年的时间漂洋过海，好不容易在“斜月三星洞”学些本事，却因人前卖弄被逐出师门，而后又被压在山下五百年……所以，《西游记》感慨“参求无数，往往到头虚老；积雪为粮，迷了几多年少”。

入门难，深入更难，因为很多人都缺乏一颗“向内省视、剜肉除石”的勇猛决绝之心。

所有方法，都是我们过河的舟筏，都指向不二的归途，都是在消退我们执拗的分别心，既没有高下之分，也没有深浅之别，如果我们盲然不顾“一体同观”的微言大义，“百般挑剔，诸多褒贬”，甚至像进饭店一样“法法尝试，指点品评”，那不是漠视了历史，也不是轻慢了智慧，而是耽误了自己。

奔逐其外需归真

自省克己向内修

天下为公狂心歇

滚汤浇雪立竿影

声闻不得瓜？

种瓜得瓜，种豆得豆。

然而，声闻是通过耳朵听别人声音，因此，既不是种瓜，也不是种豆，而是从别人那里学习如何种瓜、如何种豆。

所以，无论是刷手机，还是听课、看书或互动交流，乃至唇舌论辩，都不必期望得瓜、得豆，因为，那只能是在梦幻泡影中感受了一把瓜豆的成长过程而已，至多算是淋了淋雨水。

试想，如果我们既没有圈地，也没有松土，更没有播种、浇水和施肥，只是吹了吹风、淋了淋雨，又怎么可能得瓜、得豆呢？

所有宣说，都像雨水一样，无声润万物，能帮助种子发芽，也能帮助瓜豆成长，但是，雨水中没有种子，只是作为外力从旁协助，而非自带内力加盟合伙。

教育的功能，在于启迪和唤醒，通过浇灌，帮助成长，而非带来直接成果，如果我们期待刷几次视频、听几次课、看几本书，或者再遇到几个高人点拨点拨就能改头换面，甚至脱胎换骨，乃至迥脱根尘，必然会铩羽而归。

一分耕耘，一分收获。每一份收获都源于自己的耕耘，而非他人的浇灌施肥。

当然，如果在需要浇水的时候，遇到了及时雨，那只能说明运气好、愿力足、机缘具，但是，仍需明白，雨水里没有种子！

“一念变则万变”的种子，在我们自己的心中。

文质彬彬的密码？

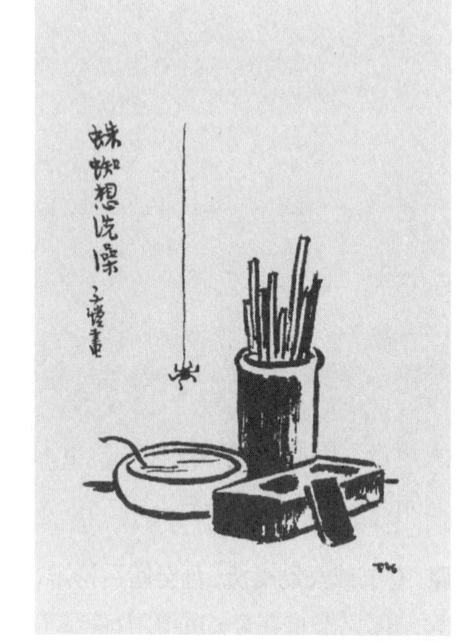

生活，需要曲而不媚的风骨，也需要俭而不吝的精神，更需要接地气的人间烟火气。

所以，孔子说：“质胜文则野，文胜质则史；文质彬彬，然后君子。”

太讲求实用，未免粗野；

太讲究形式，未免酸腐；

文质兼具，才是彬彬君子之风；

中华传统文化的精神，是“道器并重”。

器中有道，就像“文中有质”，小器中往往有大道。一张桌子、一个茶杯、一支毛笔、一方砚台……不论器物多小，都蕴藏着文化的精神和力量。

然而，现代工业文明的机械化作业使我们的生活过度追求效率、结果和回报，越来越缺少“道器并重”的质感，纵然保留了些微的造型和曲线，但在器质层面却有形无实，就像我们的生活，貌似殷实和丰富，实际却充满着浮躁和焦虑。

有的人，活得粗野却不自知，以简单直接自夸，以唯利是图自傲，挂着义利并举的牌子，干着损人利己的勾当。

有的人，活得酸腐却不自觉，以无病呻吟、矫揉造作、惺惺作态、假模假式自乐，以道貌岸然自得，说着仁义道德的学理，干着精致利己之事。

所有歪门邪道，都不是长久之计，“道器并重”才是“文质彬彬”的不二密码。

简约的曲线设计？

艺术有两种：一种是“器以载道”，借器传播大道，玩这种艺术的人堪称“人师”；另一种是“器以名利”，借器来成就自我，玩这种套路的人至多称为“匠人”。

老子说“为道日损”。

成熟的设计，大多有着简约的唯美。

就像雕刻艺术，多一刀太繁琐，少一刀太粗拙，只有不多不少的简约和质朴，才能流传万世。

奇技工巧，不只是严谨的态度和执着的精神，更重要的是敢于减损的大道洒脱，所以才能在线条的减损和造型的简约中，展现出艺术的深邃。

这就是“放下”的修行。

遗憾的是，文化教育和传承，越来越强调流于形式的效率和增益，多读一点、多学一点、多背一点、多练一点……人生的修养，在无数“多一点”中失去了应有的大道和器质，演绎着“金玉其外，华而不实”。

只有了解历史，才能读懂“艺术中的生活”和“生活中的艺术”；

只有了解中国传统文化，才能彻照人生修养的“文质彬彬”和“道器并重”。

孔子讲《周易》时说“洁静精微，易教也”，凡所有事，皆是此理，宇宙间最平凡的奥妙，就是“有其事必有其理，有其理必有其事”，设计的简约唯美，源于文化力量的深刻蕴含，所以才有着“大国雅器”的自信和从容，展现着中国传统文化的“冰山一角”，器小而质深。

相比“徒有其表，虚有其实”，期望我们的生活、我们的人生，乃至我们的国家、社会、伟业、教育、人才、器物……都能够“简约质朴，道器并重”。

鼓噪是非盲讥盲

绝巧弃利文质彬

道器并重无造作

世间修行在简约

心中的安全绳?

假设我们一不小心掉进井里，如果想要爬出来，就必须在腰间系上安全绳，绳索的绑缚，带来了逃出生天的希望，也带来了身体的不适应、不自由、不舒服、不痛快、不潇洒……这时，我们是感谢安全绳，还是埋怨安全绳呢?

身的陷落，是看得到的；

心的沉沦，却往往是不自知的。

所以我们不愿被捆绑，因此总是对束缚不服气，对现状不满意，嗔怒和怨气在日积月累中积淀和叠加，在潜移默化中扭曲了我们的心。

所有清规素德，乃至戒律古训，都是救赎的安全绳；但是，来自外力的约束，只有治标的功能，没有治本的效果，只有发自内心的克己，才是人生的升华。

就像有的人喜欢喝酒，而且特别喜欢“借酒放肆，凌乱妄语”，如果有人天天监督整治，自然觉得浑身不舒服；但是，如果根本不想喝酒，更不愿妄语，那么，监督的人岂不是根本就不存在?

有魔才有绳，无魔亦无绳。

所以，孙悟空的紧箍咒随心而消。

这就是“天地任逍遥，无我大自在”的原因，逍遥自在，不是源于放纵，而是源于心止，不是为所欲为，而是无我无为。

心中有戒，头上无箍。

趋利避害引二惑？

我们习惯性地趋利避害。

总想占据一个好位置，以便摘取有利的，躲避不利的，然后把那些无所谓有利也无所谓不利的尽量转化成有利的，并且美名其曰“谋略”。

然而，我们对利害的评估，却往往颠倒背离，以至于“聪明反被聪明误”；更何况，老子说“有无相生，前后相随”，如果没有前面的害，哪里有后面的利呢？

于是，见地和心量，直接决定了我们人生的天花板。

《菜根谭》说“世上只缘认得‘我’字太真，故多种种嗜好、种种烦恼”；

因为有“我”，所以有了“身见”；

因为“固执己见”，所以“边见”和“邪见”便随之而来；

因为“师心自用”,所以“见取见”和“戒禁取见”也登门而入。

这五种见惑，很快就加剧了五种思惑——贪、嗔、痴、慢、疑，如果说“见惑”让我们的心有所执着，那么“思惑”则让我们的心被欲念遮障，在二惑的共同作用下，我们的意识认知，长期沉浸在比量和非量的波涛浮沤之中，妄念纷飞，认假为真，痴人说梦，然后又把见惑和思惑推向新的高度。

“疯狂，是灭亡的前兆。”这种群魔乱舞的共振共鸣，让我们一步一步走向疯狂，随之而来的就是灭亡……只有时时向内省照自己的起心动念，在“无私无我”的警策下，于身律己，于心知止，放下五种见惑，对治五种思惑，才能踏上天地间的大道正途。

这时，再看看老子说的“绝巧弃利”，对于“趋利避害”，就无不释然了。

无律不逍遥？

我们都想活得逍遥自在。

如果“这个不能说、那个不能做、这个不能吃，那个不能喝”，似乎就有些不舒服、不痛快、不好玩、不过瘾了。

然而，“自在”不是为所欲为，“自律”也不是自我束缚。

就像我们深陷沼泽，在难以察觉的吸力中缓缓下坠，脚不能动，身不能移，屏气凝神，心中惊惧怖畏，这时，又谈何自在呢？

突然，有人用绳子套住了我们的身体，如果我们下意识地挣扎，试图摆脱绳子的束缚，那么就会越陷越深……其实，这根绳子，只是想把我们从沼泽中拉出来而已。

天地之中有大道法则，万事万物有运行规律，只要我们“依道行驶，惟道是从”，不仅不会深陷沼泽，还能汲取滋养，跃然绽放，甚至能“出淤泥而不染，濯清涟而不妖”。

这个法则和规律，不是道的本体，却是道的呈现；

既是生活的规范，也是心念的戒涤，更是发自内心的自律。

所以，让我们望而生畏的“清规素德，古训戒律”，其实都是天地间的“大道法则和自然规律”……不是束缚我们自在的绳索，而是给予我们逍遥的阶梯。

朋友！

别当成已经过时了的刻板说教，那是往圣先贤的一片苦心；

也别当成不合时宜的文物民俗，那是屹立千古的大道至理；

更别以为自己比古人聪明，那是跨越时空的无尽智慧。

世间没有肆无忌惮的自在，却有恪守道法规律的逍遥，“心有规律，行守规矩，然后才有逍遥”，就像“有种子，才有果实”，又像“有手心，必有手背”。

这，就是“以戒为师”的深意。

心若沉沦难自知

放肆凌乱非自由

无我才能大自在

心中有律獈自消

思无我则乐融融？

怨气和戾气，本质上都是嗔毒。

很多女性身上有怨气，很多男性身上有戾气，而且随着年龄增长而增长，纵然外表极尽温婉或儒雅，内心的怨戾却沸腾不止。

这就是执着于“身见”并且日积月累的结果，每个主体都从自身思考问题，女性从被爱角度，男性从占领角度，商人从利益角度，捕快从刑侦角度，狮子从猎杀角度，蝼蚁从偷生角度……似乎天经地义。

然而，如果我们能够去除身见，比如女性转而从男性角度思考问题，就会发现，不仅外缘和谐，而且怨气消散，男性同理，万物亦然。

久而久之，再反观自己，就会发现“我不见了”，甚至“我消失了”……这就是庄子讲的“逍遥生具见”，看懂人心，明白人性，通达宇宙万法，包容世间万物，滋养一切生命，便走上了“天地大道”。

所以老子说“天下莫柔弱于水，而攻坚强者莫之能胜，以其无以易之”，提醒我们“守柔曰强”。

有人说，这不就是“换位思考”嘛！然而，换位思考，是双方换位；去除身见，却是“以天地为心，与万物换位”；

如果前者是“以人为本”的人我换位，后者就是“以万物为本”的万物归位；

如果前者是“以换位谋小我”的私己和我相，那么后者就是“以无我为大我”的大公和无相；

无论是胸怀和格局，还是心量和见地，都有着云泥之别。

我们一辈子，生病治病、读书考试、混学历、争名利、谋地位、赚碎银……都是为自己，所以活得怨戾，只有明白“假我是微尘，从宇宙虚空而来，奔无我无相而去”，然后才能体会到庄子的大逍遥和大自在。

这，才是天人合一的其乐融融。

意无窍则心止水？

夜间，每当听到台风在窗缝中呜呜作响，难免心生恐惧。

然而，风本身是没有声音的，耳朵听到的风声，都是依他而起，大多是风吹众窍引发振动而来，所以叫“万窍怒呺”，而非“万风怒呺”。

而且，当风特别大时，完全闷住众窍，反而一点声音都没有，所以说“山雨欲来风满楼，万木无声知雨来”。

自然界的风声，音乐界的笛声，我们的心声，都是这个原理；

所有心声，都是依窍而起，有心窍就有心声，如果风太大，则闷心无声。

“见到别人开豪车”，这风不算大，于是自己也想要，正如万窍怒呺，于是东怕西怕，担心业务减少，害怕同行挖角，忧虑员工单飞……

“见到别人有私人飞机”，这风着实太大！一下子，就闷住了心窍，此时，虽然不起心声，却生沉闷，悲叹命运不公，慨叹时运不济，哀叹处处不如人。

所以，但凡有窍，不论有声无声，都会心绪不宁。

如果，心中无窍，则不会有心声怒呺，也不会有心闷肠愁。

朋友！别觉得不可能。

心中无窍，不是石头一块，而是“处处都是窍，全部都是窍”，里通外通，风进风出，依他不起，看似有心，其实无心，似有实无……

看看大海深处，就会明白，我们的心，原本就能在惊涛骇浪中“如如不动，寂静深邃”，只是分别意识随风逐浪，风吹窍响，鹤唳蝉吟，可谓“意动掀识浪，风起振心窍”，这时，只要“过而不留，通而不蓄”，自然“无窍无声，心如止水”。

这一切，靠的都是“无私无我”……如果意中无“我”，哪来的“窍”呢？

念无执则万籁寂？

柔软的心，就是最大的善意，就是“无缘之慈，同体之悲”，无边无际，无止无界，无我无相，无住无依，无求无取，所以，老子说“善行无辙迹”。

然而，我们在“我相”中成长，执着于“我”，独善其身，予取予求，患得患失，甚至夺人兴己，恨不得“一将功成万骨枯”，由痴成狂，群魔乱舞。

魔，即“有我”；善，即“无我”。

“痴”字，是“知”字加“病”字旁，可以看出，是认知生了病，认知执着于“我”，便是心痴成魔。不仅如此，贪、嗔、痴、慢、疑，个个都渗透着执着。

念中有“我”，贪、嗔、痴、慢、疑便随之而来。

认知和思维，让我们看到了同一时空的不同层面。无法识得全貌，就是因为困于“我”的站位和角度，所有起心动念，都是由“我”而起，执拗固执，所以才会出现各种分别、差异、矛盾、纷争，乃至伤害残杀、战火狼烟。

所以《论语》记载“日必三省吾身”；

所以商汤在洗脸盘上刻下了“苟日新，日日新，又日新”；

都是在提醒自己，切莫执着于“我”，放下小世界，才能看到大世界；

这就是“一念变则万变”。

念念如流注，如果我们的念头，始终停留在一个点上，那么就离痴字不远了，这时“万窍怒呺”，各种妄念纷至沓来，表面上安安静静地坐在那里，实际上却是“心兵困斗、群魔乱舞”。

我们普通人很难做到“香象渡河，截流而过”，但是，通过自身的努力，逐渐尝试并形成“向内省照”的修证习惯，一纤一毫地去除心中的“我执”，终究能够进入万籁静寂的无上清凉与寂照虚空。

以天地为心怨戾顿消

与万物换位慢骄立减

以自然为窍惆怅自离

与无我同体心兵不斗

观与看的区别？

有人问，“观”和“看”有什么区别？

观是内视，看是外逐。

看，是让自己的心，通过眼睛，进入事物，不仅“逐物伤神，心动神疲”，而且“心躁意动，过耗伤眼”，容易近视。年老体衰之后，甚至落得无限悲凉。

观，是让事物通过眼睛，进入自己心里。刹那之间，尽虚空，遍法界，不仅不伤眼、不近视，而且养精蓄锐，长此以往，“性静情逸，守真志满”，甚至还能“照见五蕴皆空”。

表面上，观与看，是方向区别，深究源流，其实是动力源泉的不同。

“身是浮沤心同海”。

“观”的力量，源于大海深处，也就是心海；

“看”的力量，源于海面上的波涛和浮沤，也就是识浪和欲念。

老子说“五色令人目盲，五音令人耳聋，五味令人口爽”，当我们遇到美景、美食、美音、美色、美物……如果用“看”，难免越陷越深，抱愚沉迷，以至于“驰骋畋猎，令人心发狂”。但是，如果我们用“观”，“寂照含虚空”，一体同观，不仅精、气、神都不会因此耗散，而且能够“融天地之灵气，汇万物之精华”，不管波谲云诡，任凭风吹浪打，哪怕山摇地动，内心深处都能“波澜不惊、意想不动、欲念不兴、心境不迁”。

这就是“天容万物，海纳百川”的深意，也是“将军赶路，不追小兔”的机用。

自赞毁他不是道？

世界上只有两类事情：一类是符合“道”的；一类是不符合“道”的。前者叫道德，后者叫不道德。

然而，当我们把“道德”二字拔得太高，甚至用来打击异己或者自赞毁他时，反而忘记了道德最初的微言大义，变得不道德了。

所以老子说“天下皆知美之为美，斯恶已；皆知善之为善，斯不善已”。

“道德”二字表达的是“惟道是从”的人文精神，而非不分顺逆的一团和气。

善于批判，是建设性思维，包括批判和自我批判，但是，令人信服的批判，应该具备三个条件：

一是不搞“为了批判而批判”。这种批判，是情绪发泄型的，没有什么立场和原则，更不明白天地大道之所在，而是以怼人为乐趣，主要是为了宣泄自己的情绪，是不成熟的表现；

二是不搞“自赞毁他型的批判”。以自己的利益为站位，批判所有与自己利益有所冲突甚至不符的人和事，所有“毁他”都是为了“自赞”，这种批判，与是否成熟无关，与欲念贪图有关；

三是具有足够的见地和心量。如果自己都见地不达、认知不明、心量狭隘、贪痴嗔怨，又怎么能够分辨真妄呢？如果真妄不分，又怎么能够分得清“惟道是从”和“背道而驰”呢？

“道德”二字就像一面镜子，时刻提醒我们依道行驶。

向内省视，是拿起镜子照自己，而非举起镜子晃别人。

生命经不起耗散？

望山跑死马，低头累死牛。

我们总觉得这个唾手可得，那个手到擒来，然而，朝如青丝暮成雪，等到发白齿暮时，却发现没有哪件事情像探囊取物一样轻而易举。

然而，我们却在“以多为功”的价值导向下，生活得忙忙碌碌，求名、谋利、争功、摘果……什么都想要，什么都敢拿，在“多多益善”中“贪得无厌，欲壑难填”。

然而，生命经不起耗散，“什么都想要”的结果，往往是“狗熊掰苞米——掰一个，丢一个”；“贪多”的结果，往往是“积食难化”，甚至是一事无成。

如果我们能够专注做一件事情，花上 30 年的时间，必有所得，为国家、为历史、为人类、为宇宙、为天地大道。

如果这 30 年，不是为了自己，而是济世度人，甚至“济天地万物，度无量众生”，那就更是意义非凡了。

这就是老子说的“为道日损”的深意。

也是“无我相、人相、众生相、寿者相”的机用。

经纶济世，是这个道理；心性修养，也是这个道理。

生命的旅程，是不断减损的艺术，是持续放下的修证，只有这样，我们才能一念专注，才能自然且水到渠成地对治散乱，这既是“知”的力量，亦是“止”的功效，也是“定”的奥妙，还是“心一境性”的致用，更是“观”的法要，所以说“制心一处，无事不办”。

各门各法尽皆归一

各人各路殊途同归

智本无依力源无执

言近旨远循序进阶

“落”字重千金？

“生死事大”，既不是说生重要，也不是说死重要，而是在生死之间，有着再择路途的机会。

如果落于文词名相，就会沉浸于生死二相，落于“生”，则“陷于常见，坠入尘网”；落于“死”，则“堕于断见，困于枯执”。

如果能够不落名相，而且能够实证实修，无论是坐脱立亡，还是来去自如，都是修证功夫的真成就。

这就是“由省至观”，生命的质变。

然而，“不生不灭”的大智慧，不仅在功夫，还在于“择”字。

娑婆世界，我们纵然颠沛于无数苦厄与烦恼，也始终流连不舍，然而，明悟之人，早已勘破尘缘轮回，生起“出离之心”，如果依然能够在生死之间选择“乘愿再来，济世度人”，就说明“有踪无迹在人群”。

“入尘网易，出尘网难”，如果“出得去，还愿意再回来济世度人”，就更是千难万难了。“不落名相”，用了一个“落”字，而非“不入名相”，更非“不用名相”，就是提醒我们既要“放得下”，也要“拿得起”；既要“出得去”，也要“回得来”。

修心人，在见地上“不住于相”，在修证上“不计功效”，在行愿上“不求回报”，然后才能“不落生死”。

既不落生，也不落死。

观自省中来？

修养一颗柔软的心，是非常困难的；

一念不生，更是难上加难。

因为我们的内心，每天都充斥着欲念痴执、狂躁不安、嗔忿焦灼。

如果想在“观”的修证中拔丁抽楔，“照见五蕴皆空”，甚至“一念不生全体现”，乃至于“慈悲柔软，充盈于心”，需要一个过程，循序渐进，拾级而上。

比如“一念不生”，如果强压念头，陷入枯见痴执，就像土木金石的冰冷塑像，既没有“自在无碍”，也没有“妙用无边”，更没有“广度众生”……所以，“一念不生”，并不是一个念头都没有，而是“念起不随，生而不住”。

所以，反省便成为内观的第一步；

所以，孔子说“内省不疚，何忧何惧？”

“念念起，则念念省”，往往行之有效，首先发起“省”的力量，开启“能知”之后，逐渐有了“知”的力量，自然生起“忏”的力量……然后才能在时时的起心动念之中“知妄即离”……熟能生巧后，逐渐形成观的力量，甚至于刹那之间了然于胸，达到“虚藏万物”的境界。

无论世事迁流、时势变幻、人心叵测、沧海桑田，

也不管祸福无常、苦乐轮转、宠辱相随、毁誉声驰，

始终能够“素位而行、随适而安、威仪不失，心境不迁”。

因此，别到处和人较劲，也别非要争个“是非对错，高低输赢”，心性修养是战胜自己，而非征服世界。

所以，老子说“天下之至柔，驰骋天下之至坚”。

离妄无师智？

万事万物都有体、相、用。

比如说“水”：

遇壶形壶，遇瓶形瓶，这就是幻化的“相”；

可以做成面包，也可以做成馒头，还可以煮成汤药，这就是万变的“用”；

水利万物而不争，不拒垢污，不辞恶臭，利泽施乎万世却功成身退，“顺物自然而无容私”，就是不变的“体”。

儒学的“体、相、用”；

易学的“理、象、数”；

道学的“精、气、神”；

佛学的“一心三藏”，以及“一体三身”的法身、报身、化身，都是这个道理。

然而，我们大多在色、声、香、味、触、法的牵引下，“痴执于相，妄念于用”，再加上世界上唯一不变的就是永远在变，以致于我们在尘土飞扬的纷繁喧嚣中，迷失了心性、远离了道体、没有了神韵、遮蔽了空性、湮灭了义理、尘封了法身。

所以说“知妄即离”，只要我们能够时时向内观照自己的起心动念，远离颠倒妄想，自然能够开启“无师之智”，一切自然显现，从内心深处迸发出生生不息的力量。

不执门派不落师相

不立山头不入徒名

沧海桑田不取于象

时势迁流惟道是从

籁音素隐

本来，按照“有开有遮”的原则，开法不宜遮，遮法不宜开。

但是，为了与大家一起体会切身实证的功用，尤其是在心性修养方面，真正实现转念，甚至达到“一念变则万变”的功效。

因此，揭开显论中隐藏的微言大义，将“遮法”稍稍打开，纵然引来非议无数，也就甘愿笑骂由人了。

“籁音素隐”，由17篇随笔构成，有破有立，意在直指，故既为隐论，也是显论，隐显由人，都在一念之间。

道在屎中隐无形

庄子说“道在屎中溺”。

天地大道，无所在亦无所不在，在我们日常生活的点点滴滴，从工作生活，到家庭关系，再到子女教育，再到吃喝拉撒，都始终发挥着“能为万象主”的作用。

……

比如，我们吃完饭后，
如果没有及时清理饭桌上的食物残屑，蝇虫很快就闻风而至；
如果擦洗干净，蝇虫很快就消失得无影无踪，似乎“无所从来，亦无所去”；
这，就是“知妄即离”的原理，
也是对治认知偏执和臆想妄念的机用。
……

“物必先腐，而后虫生”。
我们的心境，也是一样。
如果“贪著其事，妄念纷飞”，
自然“乱花迷眼，霾雾遮障，痴执不断，颠沛沉沦”；
只要“心地清净，妄念不起”，
自然“尘染不沾，污浊不附，利欲不熏，毒染不害”。
所以，周敦颐写下了千古佳句——“出淤泥而不染，濯清涟而不妖”。
所以说“知妄即离，心净雾则散”。
……

平实的生活中，蕴藏的天地大道。

无处不在，无时不在；
不论是饭桌，还是马桶；
不论是吃饭，还是拉屎；
人在，事在，器在，理在，道在；
浑然一体。
……

道器并重；
体用并济；
理事相融；
有其道，必有其体；
有其体，必有其理；
有其理，必有其事；
有其事，必有其用；
有其用，必有其器；
这就是人生的智慧，也是生活的艺术。
……

没有道的生活，是乏闷不通的；
没有体的生活，是浮躁不实的；
没有理的生活，是盲目从众的；
没有事的生活，是颓废零落的；
没有用的生活，是混乱杂沓的；
没有器的生活，是粗糙苦涩的。
……

生活，
不需要太精致，但也不必太粗涩；
不需要太荣富，但也不必太穷苦；
不需要太粉饰，但也不必太糙毛；
不需要太酸腐，但也不必太蛮野。
……

术法相乘；
形神兼备；
文质彬彬；
虚实结合；
文以载道，器以载道，万事万物都在释放着“道”的信息；
所以老子说“大象无形，道隐无名”；
做好每一件“事情”，做好每一件“器物”，就是我们生活的智慧；
所以孔子说“道不远人，人之为道而远人，不可以为道”。
……

道在万事万物之中，自在旷达，灵动活泼，不生不灭，不增不减，在朴素平实的生活之中，在待人处事的行为之中。

世出法，涵盖世间法，所以说“出世在世间”。

所以，“隐逸山林，遁入茅蓬”，并非归处，因为真空环境下的貌似健康，往往脆弱不堪，只有在生活中实证实修，对治自己的贪嗔痴慢疑，放下自己的妄念纷飞，与人生打成一片，在虚妄侵袭的炉火灼烧中“遇事不惑，对境不迁”，才是永嘉玄觉在《证道歌》中所说的“在欲行禅知见力，火中生莲终不坏”。

认知颠倒滋虚妄

我们的认知，往往是颠倒的；
比如，我们一般会认为“相由心生”；
因此：
慈悲之人，一定慈眉善目；
丑陋之人，大多心怀鬼胎。
然而，如果我们痴执于此，
那么，如何解释“金刚怒目”呢？
又怎能识得“豹头环眼、铁面虬鬓”的天师钟馗呢？
于是，问题来了：
相由“心”生，是谁的心？
或者说——相由谁心生？
如果是“他心生他相”，
那么岂不是“金刚心有嗔怒，钟馗心中丑陋”？
……

所以，“相由心生”有几层意思：
“他心生他相”只是显意，
“自心生他相”才是密义，
当然，更深层次的是“诸相非相”，
只有“不取于相”，才能“如如不动”。
在我们眼里，
“金刚是怒目的”，
是因为自己心中有魔；
在往圣先贤眼里，
不仅“金刚是慈悲的”，

甚至，一切众生的长相都是可爱的，
没有丑陋、龌龊和猥琐。
一切相，皆由自心而生；
心中有佛，一切相皆为佛相；
心中有慈悲，一切相都是可怜可爱之相；
心中有怖畏，一切草木都是兵武刀戈之相；
如果心中有牛粪，那么，一切相都是粪土之相；
一切外境，都是自己内心的投射；
这就是“自心生他相”。
……

所以，视相非实相；
我们肉眼所见，往往并非实相；
“金刚示怒目之相”，是为了驱走我们心中的魔；
“钟馗示丑陋之相”，是为了驱走我们心中的鬼；
可惜，
我们却是“下下地不懂上上地”，
在依文解义中“颠倒妄想”，
在心随境迁中“痴执惊恐”；
殊不知，“法身非相”，
“一切有为法，如梦幻泡影，如露亦如电”；
心中无魔，见金刚怒目而不惧；
心中无鬼，见钟馗丑陋而无畏；
因为：
凡所有相，皆是虚妄；
“一切诸相，即是非相”。

人间正道是沧桑

学校以传播知识为主；
知识以经验累积为主；
思想以开拓创新为主；
智慧以无量无边为主；
……

然而，知识中存在很多错误经验累积，
更不乏身见、边见、邪见、见取见和戒禁取见；
当知识就此传播，个体的成败被无数次放大，
基于习惯、诱导、塑造、营业、夺人兴己而来的散布，
则往往在“以万变应万变”之中反复被打脸，
难以随着时代变迁而及时更新。
但是，我们很难抵御被放大的引导和诱惑，
最终活成了我们“误以为”的样子，
在各种颠倒中奋力扑腾。
事实上，个体的成败，并非思想和智慧的结晶；
知识的传播、自媒体的散布，也并非济世助人的情怀；
掀开道貌岸然的包裹，
无非是逐利的心念，
无非是沽名钓誉的行为，
不管是公众号、短视频还是其他各种 APP，
大多以诱惑为主，
包括利诱、色诱、食诱、景诱、理诱、智诱，等等，
背后的指向，无非是流量或销售。
……

就算，有人愿意传播真正的思想和智慧，
世界上也没有多少人，
能够领会并践行“以不变应万变”的千年智慧；
就算，有人能够传播真正的思想和智慧，
面对利益至上和娱乐至死的实利功用主义，
也很难与各种娱乐、搞笑、美食、幻景对抗，
更难与海量影视、美妆、八卦、投资较劲，
于是很难得到大众关注的流量，
只能灰溜溜地离开，退隐山林。
于是：
片面偏颇、夸大刺激、套路忽悠居于传播主流，
以致于我们的认知世界，越来越颠倒，
就像西方世界至今都对我们东方古国有着颠倒的认知，
也像我们对易学密法、中医堪舆有着偏颇的看法。
……

所以：
只有沉淀进入千年历史的，才是真正的思想和智慧；
专注于沉淀数千年的思想和智慧，
展望未来百年的脉络和趋势，
向内省照心中的世界，保持正念增长的定力，
才是我们心性修养的道路；
然而，并不容易；
不仅，世人不懂；
树大育万枝，万枝生千花，千花结百果，

而且，
只有“千花绽放，百果沉甸”，
才能见证生命的包容和奇迹，
就是我们自己，也难以接受：
以往眼中的对，居然是错；
以往眼中的错，居然是对；
以往眼中的的常态，居然是变态；
以往眼中的变态，居然是常态；
以往眼中的好人，居然是坏人；
以往眼中的坏人，居然是好人；
于是，浑身难受，
更难以在各种异样的眼光下生活，
扭捏几天之后，选择重归旧路，
继续过着颠倒但安逸的生活，
于是颠倒的认知世界更加错乱；
真正咬牙坚持扭转颠倒的人，
不仅要面对讥讽笑骂、指点斥责，
还要面对来自亲朋好友的狐疑和关切，
更要面对来自颠倒世界的各种“与己不同”，
若想出世入世两圆融，绝非易事，必然百折千磨；
所以，人间正道是沧桑。

反求诸己乃序曲

只要稍有机会，我们就会很挑剔。
比如，有一个得道高人，
嘴脸丑陋、龇牙咧嘴、衣衫褴褛，
而且还坐在臭气熏天的粪坑里，
我们大多会敬而远之，
这里，
既有认知的局限，
也有慢心的作祟，
更有挑剔的习气。
……

王重阳当年自名“王害风”，
张三丰也自号“张邋遢”，
修心人追求的是“出淤泥而不染，经万劫而不移”，
实实在在地向内观照，
不会只追求生命中好的层面而拒却不好的层面；
真人不同于常人，
化身万相，
幻变无常，
不拒污垢，
不辞恶臭，
一体同观，
所以，不宜我们以常理来妄度真人；
否则，见真人不识，见常人盲从，见邪人迷崇。
……

如果我们太挑剔，
往往会失去修证的机会，
始终生活在“自以为是”的状态中，
对待别人总是“鸡蛋里头挑骨头”，
对待自己却是“错漏愚痴都有理”，
总觉得“自己都是对的，别人都是错的”；
殊不知，“挑人者，人亦挑之”；
“拣精剔肥”的背后，是贪婪、嗔恚和我慢的张牙舞爪。
这就是向内观照的示例，
这就是反省日日新的实践，
这就是挖出自己挑剔习气的自证，
这就是生活中的实证实修。
……

成语词典上，大多是四个字的成语，
如果有六个字或九个字的成语，
就会格外显眼，令人印象深刻，
比如“吾日三省吾身”，
再如商汤王铭刻于洗澡盆的“苟日新，日日新，又日新”，
又如“君子无所不用其极也”；
因为与众不同，所以记忆犹新；
因为百看不透，所以反复琢磨；
因为蕴意机锋，所以耐人寻味；
有意思的是，
如果把这三个成语放在一起，就告诉我们一个道理：

在“反求诸己”的道路上，
要“无所不用其极”，
然后才能“日日新，又日新”，
所以，反省的路，没有止境，永远在路上。
……

反省是痛的。
没有日日的修证、时时的警醒，
就无法体会痛彻心扉后的万籁俱寂和无上清凉，
所以“纸上得来终觉浅，绝知此事要躬行”；
然而，
人心满了，装什么都会溢出来；
一旦，
被贪著其事的欲望充盈，
被自以为是的身见充斥，
就只有先腾出些空隙，
然后才能“日新月异”，
而后才有可能“洗心革面”。
所以：
只有认识到自己的不足，
然后才能一步一步走上“脱胎换骨”的路，
这就是心性修养的大道心法，
也是精进不已的修证精神。
……

值得一提的是：

反省的路上，鬼怪横行，妖魔众多，
当我们以为自己善于反省、敢于反思，
当我们以为自己读懂了、领悟了，
当我们以为自己颇有所得时；
就会发现，自己又自大了；
只有，
发起“内在的觉察”，
甚至是“时时觉察”，
然后才有可能在“知妄即离”中次第进入觉知的状态，
这样，
差不多就算是踏上“内省”的修证之路了。

静极方可心土灰

反省自己的过往：
过往的每件事情，历历在目；
接触过的每个人，焕然眼前；
反省每一次“欺人”；
反省每一次“被人欺”；
反省每一次“自欺”；
如芒在背，如鲠在喉；
如坐针毡，如履薄冰；
如石压身，如麻在心；
如剑悬顶，如牛负重；
……

不仅没有静极，反而心乱如麻；
以前看不到的“妄念”，如今看得清清楚楚；
以前自以为的坦荡、率然、无畏、聪明，
如今看到的则是偏执、愚痴、妄动、巧诈、无知，
于是，更加坐立不安、汗如雨下。
只得，硬着头皮；
在反省中反思，在反思中思过；
在思过中思贤，在思贤中思齐；
在思齐中，再次反省；
在反省中，再次反思；
在反思中，再次思过；
如此往复，直至心静如水。
……

然而，
任何一件小事，任何一滴水珠，任何一鸣声响，
都会掀起滔天巨澜，心如波涛滚滚袭来。
于是，再次反省，迎难而上；
试图，波澜不惊，宠辱不变，毁誉不动，信步闲庭；
至今，仍在路上。
所以：
在心性修养的道路上，
若看不到“血”的反省，
便是装模作样，是做戏扮嘢，
是自我宽慰，是应付作业，
是自欺欺人，是假模假式，
是拾人唾涕，是惺惺作态，
终究回到贪嗔痴的老路上，
只有勇猛决绝，
才能改头换面。
……

所以：
叔同弘一说“悲欣交集”，
源于思过有得、念转万变、改头换面、洗心革面，
悲的是过去，欣的是未来；
因为，一念变则万变，一念灭则万有。
……

所以：

陈抟老祖说“心若土灰”，
不是心死，亦是心死，不是心生，亦是心生，
这源于自我的幻相破灭，源于本我的油然而生；
没有自我，就是“无我”；
产生本我，就是“大我”；
貌似心死，其实是“大我”无形而起；
正所谓“天地之大德曰生”，
生生不息，
蕴藏万物。
……

所以：
无我而大，无形而至；
无法而达，无住而存；
无相而有，无依而立；
无门而进，无心而念；
无语而通，无教而化；
无船而渡，无桨而划。

人心绝则道心见

张三丰在《道言浅近说》中告诫世人：
“人心绝，则道心见”，
可见，求道须行逆旅。
……

中国文化的“十六字”心法也说：
“人心惟危，道心惟微；惟精惟一，允执厥中”，
若不知人心惟危，
怎能知道心惟微，
又岂能做到“允执厥中”。
……

所以：
曾子在《大学》中传承孔门七证心法，
“知、止、定、静、安、虑、得”，
“止”居第二，
若无“止”，则无“定”，更无“静、安、虑、得”。
……

所以：
明道先生程颢在《定性书》开篇第一句写道，
“所谓定者，动亦定，静亦定；无将迎，无内外。”
……

若不克己，
焉能制怒，乃至喜怒哀乐、虑叹变慹？

若不心死，
焉能达到“无将迎，无内外”的境界？

若不致中和，
焉能达到《庄子》“至人之用心若镜，不将不迎，应而不藏，故能胜物而不伤”的境界？

若仍是患得患失，
焉能达到《庄子》“顺物自然而无容私”的无我境界？

若仍私欲而为，
焉能达到《庄子》“天不产而万物化，地不长而万物育”的“无我而为，道自来居”的境界？

若仍是妄念纷飞，
焉能辨得张三丰所说的真念、真心、真意，乃至真神？

若不“心如土灰”，
见人乐则笑，
见人哭则悲，
见人怒则嗔，
见人哀则伤，
见人富则嫉，
见人美则妒，
见人穷则怜，
焉能体会《道德经》“天地不仁，以万物为刍狗”的“一体同观”境界？

若仍是心神不定，随欲沉沦，随念飞舞，随境迁流，随“利、衰、毁、誉、称、讥、苦、乐”而姚佚启态，焉能做到得到“八风吹不动，端坐紫金莲”？

若不停止“在生灭幻相中沉浮、在颠沛欲望中往复”，焉能达到《楞严经》中“动静二相，了然不生”的次第？
……

人心死，道心活；
时时可死，
方能步步求生；
心死，才能道起；
知止，方可入道；
心死不尽；
祸殃难灭；
死灰不燃；
道望圆融。

人行逆旅火生莲

“顺则生人生物，逆则成仙成佛。”
那么，什么时候顺，什么时候逆呢？

“生人生物”，指的是修身，也叫修命，也就是我们身体这座肉身，也叫报身；

“成仙成佛”，指的是心性修养，也叫修性，也就是儒家说的存心养性，道家说的修心炼性，释家说的明心见性，修的是心性，也叫法身；

二者合在一起，就是性命双修了；
“有命有性，有阴有阳，有逆有顺，有反有正，有柔有刚”，可谓“一阴一阳之谓道”，这就是“道法自然”。
……

奇妙而不可思议的是，二者的修法截然不同：

修身，必须“法于阴阳，和于术数”，要“五行顺布”，要“顺势”，要“随缘”。尤其在养生方面，我们要“日出而作，日落而息”，应时而为，不能昼夜颠倒、四季不分，所以叫“顺则生人生物”。然而，这只是关照我们这个肉身，而非法身，如此只能“为人”，不能“修道”；

修心性，则是要化去人性，才能有大慈大悲的无我之性油然而生，所以叫“逆则成仙成佛”。换言之，成仙成佛，需要法身成就，脱离而出，不应而生，与养生恰恰是逆相关。

所以：
在白雪皑皑的高山上，有修行人穿着单褂在打坐；

在汗流浃背的三伏天里，有修行人穿着长袖躲避空调。

据说，唐末五代时期，留下《化书》传世的谭峭，便是“夏服乌裘，冬则绿布衫；或外於风霜雪中经日，人谓其已毙，视之气出休休然”。

当然，我们并不能依据这种“逆行”来认为“果”；
果，有诸多表现形式，
不可从幻相、形式、体貌等来判定；
但是，可以肯定：
“贪”常与“顺”相伴相生，
“耗”常与“随”不离不弃。
……

“顺”的结果，常常是“贪”；
脱发刚解决，就妄图白发变黑，甚至长生不老；
越顺则越顺，越顺则越贪；
有一想二，有二想三，有三想万。

“随”的结果，往往是“耗”；
耗尽时间，耗尽财富；
耗尽福禄，耗尽元气；
所以，道家说“顺则生人生物，逆来成仙成佛”；
所以，佛家说“世人爱处我不爱，乐是苦因宜早退”；
这，就是修习“法身”的必须；
然而，众生颠倒，
所以：
持戒是所有人无法回避的关键，

心戒是所有人必须面对的妙药，
所以，人生是“不行逆旅不成道”。

养生、教育、经商、从政、经纶济世……
属于生人生物，需“顺”；
修行、修心、打开能知、启迪心性……
属于成仙成佛，需“逆”；
或许，我们会认为很难，
因为“逆水行舟”；
然而，一念转则万念变，
当我们真正转变之后，
所有“逆旅”都是纯乎一心而已，
此时，就是“心戒者有道”了。
……

“不识玄中颠倒颠，争（怎）知火里好栽莲”，
集儒释道于一身的张伯端，
在《悟真篇》中如是说。

所知竟为障

实证实修方有得

知之一字，众妙之门。
我们长期在“知识”的海洋中畅游，
以为“为学日益”，却不懂得“为道日损”，
因此“所知障”越来越重。
殊不知，能所有别；
所，是妄动；
能，是寂照；
“智慧”源能知，能知即内明；
暗室不暗，明室亦照，随缘不变，恒性不动；
“五蕴”缘所知，所知即外缘；
幻生幻灭，忽明忽暗，随缘变幻，无有穷尽。

我们大多数人，
在浩如烟海的书本中畅游，
在幻生幻灭的文字中翱翔，
在忽明忽暗的争论中沉浮；
恰如，在外缘生灭的“所知”中自以为是；
犹如，暗室睁眼依旧暗，明室闭眼仍不见；
这，就是“所知障”；
只有，启动“能知”之力；
方能，暗室能亮，明室亦照。
……

如何启动“能知”？
向内观照！
闻道、解道、悟道、见道、修道、行道、证道，

实证实修，实学实行，缺一不可，偏废不达；
莫论高低分别，不需学历职称；
草莽能明世间事，匹夫能照尘世情。
只要，为道日损；
就能，在舍离中增益，在净业中筑基；
循序渐进，拾级而上。
只要，不执有、不执空；
就可以，能所两忘、人法俱空。
因为：
执有，是迷、是愚、是痴、是妄、是幻、是毒；
执无，亦是迷、是愚、是痴、是妄、是幻、是毒；
无论执无执有，都是痴于字、住于相、呆于书；
但凡有“执”，便即魔毒。
恰如：
“无为”不是不管不问，“静笃”不是一动不动；
“空性”不是万物不存，“无常”不是生无所寄；
但凡名相，尽皆所执，即成所障。
所以：
“道可道；非恒道；名可名，非恒名”，
只有，
破除“所知”，方升“能知”，
消弭“妄心”，方生“照心”。
……

精进，
是无止境的拾级而上，

知识之上有思想，思想之上有智慧，智慧之上有般若，
可谓“智有所穷，道无所尽”。
然而，
这些都是分别心产生的“所知障”；
因为，
知识、思想、智慧、般若，
都只是道的载体，皆非道的本身。
所以：
一体同观，从无二差；
都是接引度化不同类型众生的工具而已；
学者说“知识不是思想，思想不是智慧，智慧不是般若”；
智者说“知识就是思想，思想就是智慧，智慧就是般若”；
尽皆名相，不可偏执。
所以：
“色不异空，空不异色，色即是空，空即是色，受想行识，亦复如是”；
阴与阳，亦同此理；鸡与蛋，亦同此理；
男与女、父与母、夫与妻、上与下，
高与矮、胖与瘦、富与贫、贵与贱，
不一而足，尽复如是。
……

所知犹如笼中鸟，能知才是草中莽；
藩篱不遮贪痴眼，却令振翅忘功能；
有朝一日返土元，根性复苏展翅翔；
心中有佛需实证，为道日损方拾阶。

可叹的是：
现代社会的魔盒——手机和互联网，
不仅为我们提供了太多的娱乐项目和八卦话题，
而且让我们养成了碎片化阅读的习惯，
甚至让我们“永无闲暇时光”，
莫说“能知”难以发起，
就是“所知”也是支离破碎，
貌似“言之凿凿”，其实“人云亦云”，
貌似“专家学者”，其实“演技了得”，
貌似“传承文化”，其实“沽名钓誉”。

回头看看历史，那些往圣先贤，在成长之时，也并非都是勤奋好学的，农闲时无事可干，也就只有看看闲书，打发时光。未曾料想，个中的大道心法，引人入胜，于是便踏上了修证之路，逐渐从“所知”开启“能知”。

所以，我们现代人的修证之路更加艰难，因为“闲时太少，遮障太多”。所以，我们必须有“自律”的意识，尤其是时间管理的自律，不要把自己的时间和精力浪费在没有意义的事情上，更不要期望“他律”能够解决任何问题，因为“外力无所依”，没有人会监督我们每天刷手机、论是非、争小利的时间。

多思己过，多省自身，多观内心……才是人生的修行。

心魔外化汝不识

我们患得患失，担惊受怕，
因为放不下；
我们心神不宁，睡不着觉，
因为心随境迁，执着于这个“假我”。

人生怖畏无数，
带来了无穷无尽的的担心、焦虑、害怕、恐惧，
甚至为人所胁、为势所迫，惶惶不可终日。
其实，
所有得失，都是心境的偏执；
所有怖畏，都是心识的自欺；
所有妖魔鬼怪，都是内心的外化；
心魔才是怖畏的来源。
……

由于缺乏向内省照，
总是把自己想得太好心、太善良、太伟大，
所以当怖畏来临的时候，
下意识地觉得不公平、没理由、没道理、不应该啊……
其实只要：
时时观照自己的内心，反省自己的过错，
逐渐就能看到自己内心的肮脏、丑陋和不堪，
逐渐就会升起忏悔心、出离心、恭敬心、清净心，
慢慢就能体会到，
“对诱惑不起贪、对怖境不起恐、对损毁不起嗔”，
到那时，

真正的心性修养，就上路了。
当然，无论走哪条路，
都不会一帆风顺，都各自存在需要对治的问题；
在生活中修证，在世俗中行走，难免律己松弛，
或自由裁量，或自主选择，或有选择地修持，
难免滋生嗔慢和狂见，可谓“两头不靠中间晃”；
在丛林中修证，在世外炼心，难免缺少生活的磨炼，
在道场的光环加持下，易生诱惑、虚妄和慢心；
此时此刻，
哪里虚弱执重，就对治哪里，
所以永嘉玄觉说“在欲行禅知见力，火中生莲终不坏”，
这就是修证大道的奥义。
……

世间万物，不生不灭；
不生火，自然不需要灭火；
怖畏便是如此，
“不做亏心事，不怕鬼敲门”；
不起贪心，不动恶念，自然无魔无鬼，当然无怖无畏；
所以“觉悟者由心生律，修行者以律治心”，
由心而生的自律，
才是自在逍遥的财米资粮；
如果能够，
“以律为资，资养无我，以戒为师，照暗为明”，
那就达到了，

"于无戒中持戒，于无律中自律"的无我、无相境界了；
因为，
所有外境，都是心境的投射。

通俗地说，已然"无我无身、无痴无执、心地洁净、心念清明、神清气爽、逍遥自在"，哪里还有什么外来的妖魔鬼怪，哪里还有什么外在的清规戒律?

所说"无律"，即非无律，是名无律；
实为内律，亦为自律，故名无律；
"行戒一体"，起心动念都在戒中；
自然"内外无别，了无恶因"。
所说无怖畏，即非无怖畏，是名无怖畏；
实为内净，亦为自净，故名无畏；
"行净一如"，起心动念都在净中；
自然"内外无别，了无怖畏"。

一根头发俩跳蚤

一根头发上，有两个跳蚤，
都想当老大，于是互相争夺地盘；
我们，也是一样，
在工作中争上下，在社会上逐高低，
在环境中抢资源，在环宇下夺峥嵘。
如果把时空无限放大，
人生就是一瞬而已，白首回头时，
可笑自己“蜗牛角上校雌雄，时光火中争长短”，
可叹自己“计利未计天下利，求名未求万世名”，
可悲自己没有求索到“心物一元，物我一体”的大自在。
……

其实，有情万物，
勿论男女，不管南北，别谈国别，莫分种族，
甚至包括卵生、胎生、湿生、化生，
我们都有相同的真我；
真我，无垠亦无形，
所有生命，
都是这个真我的不同生命形式而已，
可惜，肉眼看不到这个真我。
于是：
在欲壑需求中拼抢争夺，在物质资源中划分领地；
在人与人的矛盾中挣扎，在你与我的争夺中拼抢；
我们把自己的这个肉身当成了“我”，
随着成长中的拼命努力，随着心血浇灌的辛苦付出，

越来越痴执于这个“假我”，
随着“我执”越来越重，
在境相中越来越沉迷，在习染中越来越颠沛。
于是：
岁月蹉跎，迷途难返；
纵有回头，亦难转身；
只有沉沦，悲哉叹兮。
……

一切万有生命，不同的生命形式，
相同的本体，不二的法身，
那就是，天地的大道。
万灵的本体，众生的真如；
生命的元神，智慧的光芒；
宇宙的虚空，亿有的空性；
先于天地而存，后于天地不灭。
恰如：
有物先天地，无形本寂寥，能为万象主，不逐四时凋。
所以，只有放下“假我”，
才能回归生命本初的智慧光明；
遗憾的是，我们的心识，
被色、声、香、味、触、法牵引，被贪、嗔、痴、慢、疑遮盖。
……

贪、嗔、痴、慢、疑的“痴”，大多源于对妄念的执着，比如基于身见，我们会选择一个自认为有利的站位，久而久之，就会对这个站位产生归属感，甚至当成自己的地盘，不容许别人插足，不接受形势变化。

纵然这个站位，已经对我们不利，仍然执着不舍——该放不放，该退不退，该舍不舍，该走不走，该分不分，该断不断。

其实，不必痴执，因为妄念靠不住。

所有痴执，都是沉浸境相的表现，是“以假为真”的妄念，是海面上的浮沤，生生灭灭，无有休止。

……

贪、嗔、痴、慢、疑的“疑”，既不是科学求证的“疑”，也不是正信正疑的“疑”，而是迷疑；

就像“信”有正信和迷信，“疑”也有正疑和迷疑，不知为何却痴迷而信叫“迷信”，不知为何却痴迷而疑叫“迷疑”；

由于我们的心识被色、声、香、味、触、法牵引，被贪、嗔、痴、慢、疑遮盖，所以，生活在“无明”之中，不仅不识真伪，而且自以为是，一会儿用“常见”去抨击“断见”，一会儿又用“断见”去反问“常见”，既不明道，也不明理，所以无法摆脱身见、边见、邪见、见取见、戒禁取见，在左摇右摆中虚度大好光阴，始终也无法进入实证实修的状态。

……

贪、嗔、痴、慢、疑的“贪”，排在第一位，就是因为嗔心、痴心、慢心、疑心，都有贪心作祟。

比如，我们心中为什么有那么多嗔怨暴戾呢？
因为得失心重。
那么这些患得患失又是哪来的呢？

无非是贪婪的欲壑，没有得到满足，而且，永远无法得到满足，因为贪欲的膨胀，远远大于世界的供给。

我们从入胎开始，就已经有了贪心，所以生下来就会用哭来表达不足、不够，一辈子都以苦集灭道的“集”为主题，什么都想抓。
手不够长，就用眼睛抓；视力不够远，就用意念抓；狂乱不已……直至临终的一刹那，才会无奈“撒手”。
……

痴心造妄想；
疑心入邪见；
贪著陷狂乱。
这一切，
都源于我们对“假我”的执着；
其实，
这个肉身皮囊，
只是我们暂时的栖息地，
只有“放下假我，跳脱境相”，
才能像庄子那样逍遥生具见。

云在青天水在瓶

我们普通人看天气，
存在晴朗、阴沉、明媚、昏暗等分别心，
这些由分别心引起的名相和概念，就是比量；
如果天气晴朗，我们就会觉得欢快清爽、轻松愉悦，
如果天气阴郁，我们就会觉得烦躁愁闷、心绪凄迷，
这些幻生幻灭的妄念和感受，以及心理活动，就是非量；
然而，
宇宙从来都是如如不动，
大气层中的对流层，也从未停止过波谲云诡，
什么都没有变，是我们的心在变，
我们的意识分别，多半处于比量之中，
我们的心理活动，多半处于非量之中。
……

小时候，心怀纯真，
“见山是山，见水是水”，
脑袋里没有充斥那么多知识和概念，
心中也没有那么多痴执和妄想，
每天都很快乐，既不会伤春悲秋，
也不会生化数理分析，更不会钩心斗角，
虽然并不懂得“视相非实相”，
虽然也不懂得“妄念逐境飞”，
却能够在简单快乐中“过而不留”。

可惜，并不长久，
因为越是洁白的纸张，越容易沾染污垢。

……

长大了，饱读诗书，
“见山不是山，见水不是水”，
心中便充满了痴执、狂慢和傲娇；
有人学了诗词歌赋，望山见水，便感怀闲愁；
有人学了生化物理，刮风下雨，便妄测天机；

有人学了比量非量、八识偈颂，硬把这活生生的一切当成镜像，把周围的人都当成愚昧众生，不是说教训斥，就是当头棒喝；

虽然看到了不一样的世界，可惜并没有转识成智，不过是换了一种境相，还是在痴执和妄想，还是在自赞和毁他，既焦灼了自己，也炙烤了他人。
……

后来，在生活的血雨腥风中，体会到天地间的大道法则，
“见山只是山，见水只是水”，
铅华洗净，尘埃落尽；
穿着人字拖，拎着老油条，朴实无华的生活；
在见素抱朴中，
不再被知识和名相所缠绕，不再被比量和非量所喧嚣。

这时才明白，一切都是至好的安排，一切世人都是自己的老师，世间并无人可渡，渡人如渡己，这时，既没有师相，也没有道相，更没有圣相和佛相。

云在青天水在瓶。

这时，才真的进入了智慧的世界，虽然未必“转识成智”，但偶然短暂地证入了阿赖耶识的现量境。

所以：
别太把自己当回事，
包括自己心识里，那并不发达的认知和功能。
……

就像一位老农夫，年轻时就坐在树底下晒太阳，
那时，一起坐的小伙伴们很多，
开春后，大家分头去种地、外出打工、带孩子……
农夫却说：
种地收割后还是空地，
打工赚钱花完后还是没钱，
孩子长大后还是会离开家……
所以，他什么也没干，一直坐在树底下晒太阳。
很多年后，伙伴们都老了，纷纷回归故里，
再次坐在一起晒太阳，
老农夫觉得自己很聪明，没有瞎折腾，自鸣得意；
然而，虽然晒的太阳没有变，
但是，境界、心态、心境、定力却都不一样了。
……

所以：
山即山，山非山，似山非山；
水即水，水非水，似水非水；
一体同观。

每个人在求索的路上，
所感所悟不同，所踏所登不同，并无定法。
所以，《金刚经》说，
“所言一切法者，即非一切法，是故名一切法”。
可谓：
根器有别法有对治，
次第有动道无寸移，
住相非真执理虚妄，
纠缠非禅跳脱见真。
……

每时每刻的精进不已，
都会带来相应的提升，
而非简单重复或原地踏步；
所以，
不论走哪条路、进哪扇门，
铅华褪去，
尘埃落尽，
现量出，
实相见。

绝学无为闲道人

老子说，“为学日益，为道日损”；
为学，必求增益，日积月累，方可成器；
为道，必须喜舍，积年累月，方净心性；
貌似二者是矛盾的，
其实是统一的。
……

为学日益，是形而下的，是器的层面；
为道日损，是形而上的，是道的层面；
或可说：
为学，是器；
为道，是炁；
器如物，是能摸得着的；
气如风，是能感受得到的；
炁如空，看不见、摸不着，却虚藏万物。
于是，带给我们诸多困惑：
为道，
既要学习，只得“日益”，
又要舍予，必须“日损”，
难道把增益而来的知识概念、学理法则全丢掉吗？
是的，确实如此，又非如此；
貌似丢掉，却又没有丢掉，只是含藏而已，恰如“空”；
换言之，
所谓“丢掉”，只是不背在身上，因为不可执象泥文！
所谓“丢掉”，指的是吸收为一，吸纳于心性之中，不用背诵，不用记忆……因为已经与自己融为一体，不用的时候似乎不见，好似目不识丁，用的时候脱口而出，又似满腹经纶！

所谓“丢掉”，指的是不唯书，不做书呆子；不唯师，不做应声虫；有着自己的实际修证体会，不是从书本上学来，而是实证实修、实学实行而来！

所谓“丢掉”，指的是不会沽名钓誉地把“名片”顶在头上，什么博士、教授、企业家、慈善家、书法家、易学家、国学家、大师、大咖、高人、高士、高道、高僧，等等，名利负累，统统不要！

所谓“丢掉”，指的是所有需要记忆的知识、所有需要天天锻炼的技术、所有带不走的方法……统统丢掉！

如此，我们拳头大小的心脏，就很轻松了，
心性净化了，修养就提升了，
这就是“看不见的修行”，这就是“为道日损”。
……

为学日益，是做加法；
为道日损，是先做加法，再做减法。
试想：
如果我们从来都不为学，
天天坐在林荫树下晒太阳，
我们又有什么可以丢的呢？
无物可丢的晒阳汉，又岂能是得道人？

当我们把能丢的东西统统丢掉，
剩下的，就只有与我们融摄一体的“道”了，
看不到、摸不着，
却无处不在、随用随取、信手拈来。
所以：
学道的人、修道的人、修行的人、修心的人，如此等等，
不追求看了多少书，
不追求会了多少语言，
不追求考了多少分，
不追求拿了多少证，
不追求发表了多少论文，
不追求出版了多少专著；
因为这些都是名利，都是负累，都是得道的负担；
就像孔子，玩的是“述而不作”，行的是“济世救人”，
而非沽名钓誉。

所以，为学的方式有很多：

读万卷书，行万里路。辩经、参悟、参话头、参公案……不论形式如何，都要以自修、自证、自习为主，以师为导、以书为表，在顿悟之后，仍然精进不已，实学实行，实证实修，证道之行，永远在路上。

所以：

为学，不是为自己，而是增益百姓众生，为人民服务；

否则就是，

追求增益的贪婪，是欲壑难填，是得寸进尺。

所以：

为道，是损减自己，损减自己的贪婪、欲望、名誉、地位、财富、权力……直至低调得像尘埃一样，才能与天地融为一体；

否则就是，

一枕黄粱、想入非非。

……

只有既增益他人又减损自己，

“为学日益”和“为道日损”才能融摄，

否则就像“熊瞎子掰苞米——掰一个，丢一个”，

竹篮打水徒算计，

所以说，“绝学无为闲道人，不除妄想不求真”。

净极寂照光通达

无论是心性修养，还是修行；
无论是儒家，还是道家、释家；
都要修持静、定的功夫。
所以诸葛孔明在《诫子书》中说“静以修身”，
所以曾子在《大学》中说“止于至善”，
然而，妄念纷飞、患得患失、欲望不止的我们，
真的很难静下来，更别提定的境界了。
不必太多急切，急切本身就是贪欲，
贪图“修养”和“修行”的进度和成果，
所以，我们可以一步一步来。
……

第一步先让自己静下来。
就像屋子乱了，我们先整理整理，
把自己的心念，细致入微地收拾收拾，
把一切归类存放，
把空中飞舞的妄念，拿在手里、摆在桌上、置于箱中，
逐渐，清晰分明、一目了然；
然后，就会慢慢“静”下来，
因为善于察觉自己内心的状态，
就像了解屋内的物品和陈设，知道哪里干净或污浊，
此时，
知道善恶之念、贪舍之念、动静之念、得失之念，
所有念头，无所遁形，
所有情绪的根源，无所躲避，

终于，能够实现“喜怒哀乐之未发，谓之中”。
……

第二步再让自己舍得掉。
虽然，屋内的物品摆放清楚了，
纵然，心内的念头不再随风飘荡了，
但是它们依旧存在，
所以仍会感觉到整理屋子前的“负重前行”，
尤其遇到关乎切身利益的事情时，
依然会爆发，
以至于之前整理好的、摆放好的，
再次随风舞动、迎风飘扬，
甚至会来得更加猛烈，驰骋天际，
以至于手忙脚乱、应接不暇；
此时，
很容易产生“疑”的念头，甚至自我否定，
稍有不慎，就很可能功亏一篑，
甚至走火入魔，
所以，我们必须继续前进，
等待心魔的进攻逐渐平缓之后，
再次整理；
如此往复，
寻机，伺机，在我们舍得掉之时，
把安置好的物品、摆放好的心念，
一一拿出来丢掉、销毁、灭度；

逐渐，不再负重，身心轻快，
慢慢地让自己“净”下来，
此时，我们会沐浴法喜，
光明欣悦，
有着世俗中无与伦比的寂照通达，
难以言表；
然而，最难的是，
我们对凡尘俗世的眷恋不舍，
已拥有的情感、声名、家财、天伦，
都成为舍途中的障碍，
故需切记，
“世人爱处我不爱，乐是苦因宜早退”。
……

第三步保持净的境界。
道高一尺，魔高一丈，
纵然，
我们把已存的心念整理、摆放、丢掉，甚至销毁了；
但是，
新的困难、障碍、诱惑、妄念、心魔，
总是会扑面而来，
在动态的生态环境中，
我们应接不暇、手忙脚乱而难以平复，
以至于之前丢掉了的、销毁了的，
死灰复燃，阴魂不散，

犹如心魔狂舞，
远远甚于昔日的妄念纷飞；
此时，我们更会产生“疑”的念头：
为什么会选择这条心路?
为什么不傻吃傻喝混日子?
为什么心理状态比以前还差?
为什么心性修养比以前还糟?
为什么这些已经销毁的妄念阴魂不散?
为什么这么苦、这么艰、这么难?
是不是方法错了?
是不是老师是骗人的妖魔?
是不是所有的一切都是骗人的?
于是，稍有不慎就很可能再次功亏一篑，
甚至走火入魔，
此时，要坚定信念，
让正念战胜邪念，逐渐进入无念的状态，
并在此停留，倾听天籁、地籁、人籁，
直至天、地、人合一；
每一次心魔的反扑，
都是修证的历练，
就像运动员无论多么强大，
肌肉还是会痛，
停止运动后，会比普通人更容易发胖，
所以，我们要精进不已，
永远在路上，

所以，我们要随缘消旧业，
更莫造新殃。
……

纵然，
每个人上路后的经历各不一样；
有的人，瞻前顾后；有的人，誓不回头；
有的人，坎坷磨难；有的人，一蹴而就；
有的人，辗转反复；有的人，一往无前；
有的人，进二退一；有的人，一日千里；
有的人，兜兜转转；有的人，朝发夕至；
有的人，走火入魔；有的人，神清气爽；
但是，
阶段都是必经的，
根慧深的小步快跑，根慧浅的笨鸟先飞，
发愿大的持力恒久，发愿小的辗转亦达，
假以时日，终会殊途同归；
切记：
静是止的果，止是静的因；
净是舍的果，舍是净的因；
定，是净的坚持，亦是净的状态。

苦乐相对乃幻境

李白说“抽刀断水水更流，举杯消愁愁更愁”。
确实，酒桌文化虽然有很多功能；
但是，喝酒本质上就是“苦中作乐”，
是娑婆世界的套路玩法；
不仅如此，
不管我们如何爱护物品，器物始终在快速损毁，
不管我们如何爱惜身体，肉体凡胎始终在加速衰老，
这也是娑婆世界的基本特征。
……

然而，我们活得太“精”了，
无论多么苦，
总是有办法在“一口黄连一口糖”中苦中取甜，
总是能够在“一杯浊酒一吸溜”中“劝酒相欢不知老”；
我们活得太痴了，
无论多么苦，
总是在“堪忍”中依依不舍。
……

就像，很多人都存在退休恐慌和离别焦虑，
提前数年就布局自己的退休生活，
这既是因为我们习惯了职业化生活，
也是出于我们对功用的认知狭隘，
更是因为对名利地位的痴执眷恋；
“义利并举”的意思，是提醒我们，
不要每天在那里“坐而论道，言而不行”，

而是要把“道义”致用于日常生活，
发挥生命的功用，为社会贡献力量；
“利”的意思，不是谋名谋利，
而是“自立立人，自利利他”，
如果我们明白这个道理，
那么，退不退休又有什么关系？
退休后岂不是有更大的平台发挥功用、贡献力量？
这不就是我们活着的意义所在吗？
……

依依不舍，
我们总是有太多不舍，
不舍活着的乐，
不舍人生的情，
不舍付出的果，
不舍情爱的缠，
然而，苦乐相对：
所有活着的乐，都源于活着的苦；
疲惫时，天天渴望睡到自然醒，认为睡眠是乐；
失眠时，晚晚期待着鱼肚白，认为睡眠是苦；
尘世间，所有的乐，都是幻化生灭的，
都是苦的程度差异的代名词，
没有哪种乐，是寂然不动的。
……

情爱亦然，

当我们面对世俗间的残酷、冷血、欺诈、无情，
我们感受到家庭的温暖、亲情的温馨、友情的浓烈；
然而，上述种种，却每每败倒在利益面前，
莫说友情朝三暮四，
纵是亲情也会平淡如水，
家庭更多分崩离析，
因为情爱和苦乐一样，幻生幻灭，
为了离苦得乐，我们试图用一切手段改变世界；
然而，
局部天气纵然一度阳光灿烂，
世界气候似乎从未停止变幻；
因为：
一切苦乐，
一切情爱，
一切利益，
都不是寂然不动的。
……

我们在波谲云诡的变幻中，
痴痴地等待风和日丽的刹那，
纵然等到了，
也无法停留，
更难抓住。
……

况且，

所有的乐，
都是感受的暂时差异而已，
与苦无别，
就像小时候都不喜欢吃苦瓜、臭豆腐、青菜、辣椒，
长大了却津津有味；
所以：
庄子说“齐物”，
不仅齐贫富、齐贵贱、齐得失，
还包括齐苦乐、齐爱恨、齐生死；
所以：
《心经》说，
“色不异空，空不异色，色即是空，空即是色”，
此谓“一体同观”；
所以：
《金刚经》说，
“一切有为法，如梦幻泡影，如露亦如电，应作如是观”，
此谓“应化非真”。
……

所以：
尘世间的一切利益，
都是苦乐相对、祸福相依、变幻无常，
都是这一抔肉身带来暂时的感受幻相，
没有什么值得依依不舍，
“世间莫若修行好，天下无如吃饭难”。

……

当我们真正感受到那彻悟的无上清凉时，
就能真正体会到，
沉浮苦乐、贪浊利益、纠缠爱恨是多么痴执和可怜。
因为：
修行，不是为了自己，而是为了天下人。

不假外物转身心

如果我们喜欢凤凰，但是无缘攀附，
就会把山鸡幻想成凤凰，算是自我安慰；
久而久之，
以假为真，山鸡就成为我们心中的凤凰；
这时，
凤凰就是非量，
山鸡就是现量。
……

生活中，也是一样；
吃喝玩乐的狐朋狗友，会成为意念中的肝胆相照；
逢年过节的礼盒亲戚，会成为意念中的血浓于水；
搭伙过日子的柴米夫妻，会成为意念中的患难与共；
跟在身后混吃喝的马仔，会成为意念中的赤胆忠心；
寡信薄情的东主大哥，会成为意念中的宅心仁厚。
……

所有妄念和痴执，都是由内而外生起的非量，
只有“不生”，才能“不灭”。
时时内观，秒秒辨妄，
就是我们的功课；
天天扫地，叫勤快；
时时净心，为精进；
洗心才能革面，洗髓才能健骨，
随之，身心、筋骨、颜面、气色、气质、气场，等等，
都会发生变化，

这就是修心的医理。
……

心洗干净了，
身心都会发生转化，
甚至，筋、骨、髓都能转化；
但是，
不明白洗心转念，
不理解空有双融，
不懂得济世利人，
就是练了“易筋经”，也难以长命百岁；
就像身密、口密、意密，只剩下身密的瑜伽，
只能强身健体，
并不能转化身心。
……

此法，向内省照，时时精进，洗心转念，不假外物，
更不会在意身份、平台、学历、职称、财富、权力；
大修行人，善护念，观自在，护持于定，
生灭无别，真妄不异，
这就是成就的原理，
这就是证果的道路，
儒家叫内圣外王，
道家叫长生久视，
佛家叫涅槃寂灭。
……

往圣先贤，不住法相，自门应自法。
因为：
八万四千法门，乃至所有修证法门，
都是针对共性的，
因为无法针对某个单独的个体量身定制；
就像股市指数，不一定与单独的个股正相关，
单独的个股，更不一定与指数正相关，
全世界有那么多股市、那么多指数，
虽然存在着难以察觉的“蝴蝶效应”，
但是没有哪个指数能够让我们准确预判个股；
修证也是这个道理，
我们应该博采众长，更应该一门深入，
但是，
不必过分迷信或崇拜任何法门，
更不能因为自己是否受用而妄下断语，
因为对他人有用的，不一定对自己适用。
……

心性的修证，就像对治咳嗽，
无论是寒咳、热咳，还是湿咳、干咳，都有对治的法门；
但是，如果我们属于特殊的咳嗽，比如说鼻窦后滴漏，
那就不是咳药所及了，而是“鼻好咳自停”；
这就是“同病异治”的道理，
纵然我们和其他人一样，
都有贪嗔痴慢疑的症状；

但是，不同的家庭背景、成长历程和心性特征，
千差万别，
迥然不同，
只有找到“病根”，才能对症下药。
……

然而，没有人会花费大量的时间，
对我们这些普通的生命个体，
细致入微地刨根究底；
所以：
每个人都应该深入到自己的心性深处，
站在前人的肩膀上，
为自己制定一套对症下药的修证方案。
……

自病需自医，
自门应自法，
往圣先贤之所以称之为“大修行人”，
就是因为“不落声闻，不堕名相”，
能够“不住法相，独步天下”，
所以“精进勇猛，坚毅决绝”。

意识分别双刃剑

当我们从菜市场走出来，会觉得空气十分清新，纵然汽车尾气弥漫，也比鲍鱼之肆清爽，这就是分别意识对我们的心理产生的影响。

意识的基本特征就是生起分别，当我们头上的囟门逐渐闭合，意识就逐渐生起，于是产生分别心——这是白色，那是红色；这是苹果，那是香蕉；这是男人，那是女人……

很快，逻辑认知、联想和好恶，也随之而来，美的、丑的、好的、坏的、香的、臭的、对的、错的……

分别心越明显，主观好恶就越强烈，痴心妄念就越执着；
执念越疯狂，证入现量的曲折就越多，进入实相的障碍就越大；
所以，意识既是引领我们认知世界的重要工具，也是使我们陷入妄念和痴执的主要通道。

比如，地球的万有引力吸附着我们，给我们行走的踏实感，如果我们就此说引力扯住了我们向上升华的后腿，甚至影响我们飞向天，就是痴执妄念了。

又比如，行走在世间大道上，需要向下抓地，脚踏实地而非向上浮漂，同时，我们的心性修养需要向上升华，精进不已，而非向下沉沦。

再比如,万物皆有阴阳,这是分别心,赋予阴阳“好”或者“坏”的名相概念，就是妄念，固守在阴阳妄念中，就是痴执……因为“阴中有阳，阳中有阴，相生相成，浑然一体”。区分阴阳是我们认知世界的手段，但如果过度解读和臆想执拗，就是我们的“身见”和“偏执”在作怪了。

所以说，“世界上唯一不变的就是永远在变”。
所以说，“无法相，亦无非法相……法尚应舍，何况非法”。
“转念”，是通过意识领域的修持，踏上“转识成智”的第一步，不起分别心，不在比量和非量中驰骋畋猎，然后逐渐达到第七识的无我，然而才能实现眼耳鼻舌身意及第八识的转化……这是一个漫长的过程，很多人经年累月难入其门。

所以，发起勇猛决绝之心，是打开内观世界的必要条件。
……

毕竟，妄念靠不住。
那么，妄念从哪里来?
从我们的心中来，在追逐境相中产生，比如我们看到一张青春活泼的笑脸，就会觉得轻松愉快；看到一张衰老哀伤的哭脸，就会觉得心绪凄迷……我们以为是境相影响了心神，其实是心神追逐了境相，什么都没有变，是我们的心在变。

我们的心理活动，大多属于妄念，这些妄念，幻生而来，幻灭而去，只会让我们的心绪波澜起伏，不会带来任何助益。

就像看了一场引人入胜的电影，哭过，笑过，爱过，恨过……觉得挺过瘾，但是，然后呢?
然后，就没有了然后!
因为，妄念靠不住!
那么，又为什么会产生这些妄念呢?

因为我们的意识存在分别心，比如高低美丑、好坏香臭、对错善恶，在贪嗔痴慢疑的作用下，妄念便肆意纷飞。

意识分别心，既是认识世界的手段，也是逻辑思维的方式，甚至是艺术创作的力量；但是，也是识得自心的遮障。

因为，境相就是通过分别意识来吸附我们的心，让我们沉浸其中，无法自拔。

可谓“意识生分别，妄念逐境飞，现量归寂然”。
……

拿大海来做比喻：
我们每时每刻的分别意识念念相续，纷至沓来，就像海面上的波涛，此起彼伏，汹涌澎湃，这就是比量；

我们每时每刻的妄念纷飞，就像波涛上的浮沤，随风飘扬，妄生妄灭，短暂而变化无常，这就是非量；

再看大海的本体，博大而寂静，深沉而包容，既不像意识那样起分别心，也不像非量在贪嗔痴慢疑的作用下妄念纷飞，而是始终处于如如不动的状态，这就是现量。

……

如果，我们的分别心特别重，那该怎么办？
我们常说“道越高，魔越盛”，反之亦然，“魔盛道机深”，入门的关窍，恰恰就在此处。

历史上很多大德高人，为什么都出自行伍莽汉、草野武夫呢？

就是因为“魔越盛，道机越深”。真金还需火来炼，只有历经烈火的炙烤，才能“转识成智、脱胎换骨”。火越猛，炼力越高，越是被心魔煎熬的人，修证的效果越好、效率越高。

所以，心性修证就是要从自己最脆弱的“心地”入手，哪里虚弱执重，越要对治哪里。

心事重的人，不妨从心事起修，如果有一件事情让我们“辗转反侧，夜不能寐”，那就从这件事情开始修。

由贪心太重而起，可以修出离心，放下欲念；
由嗔心太重而起，可以修慈悲心，放下怨戾；
由痴心太重而起，可以修忏悔心，放下愚迷；
由慢心太重而起，可以修恭敬心，放下我执；
由疑心太重而起，可以修勇猛心，放下邪见。
尽同此理，如果由分别心太重而起，不妨先修见地，可以从放下“知识”开始，逐步放下“思想”，将自己一切所学、所知、所痴、所执……统统放下。

……

“鸣蛙出井见天阔，炼化方知此理深”。

起　心　动　念　初

举镜自照再重头

当一只动物拼命向悬崖奔去，
其他动物也会追逐而上，
当望见悬崖悔断肠之时，
停步已晚。
……

我们拼命努力争取的，
往往并不是我们最初想得到的，
而是我们以为自己想得到的，
为此耗费一生之后，
回首已是白头客。
……

这就是追逐的习染，
这就是“沉浸境相”的表现和结果，
我们都有追逐的下意识，看到别人奔跑，自己也会加快步伐……这种习染驱动的下意识，每时每刻都在影响着我们的行为轨迹。

虽然，不同的人，在不同的因缘际会下，有着不同的习染积淀；
纵然，每个人从出生伊始，就呈现出不同的生命特质；
但是，都会受到熏习的影响，乃至进入下意识。
正因为有熏习的力量存在，所以，我们有重新选择的机会；
当我们的心在起心动念之初，被积习恶染牵引支配；
我们的认知见识，就会被“身见、边见、邪见、见取见、戒禁取见”罗网围困；

我们的心理活动，就会被“贪、嗔、痴、慢、疑”侵袭占领；

不妨先停下脚步，拿起镜子，照照自己的心机、心相、心境，在“知妄即离”中，一点一滴地磨炼颠倒狭隘的心智，一板一眼地转变痴执嗔妄的心识，一箪一瓢地建立兆载永垂的心知，一德一心地培育千生万劫的心觉，一丝一毫地净化混沌以来的心染。

这就是“日日新”；
这就是“务正业”；
这就是“修正行”；
这就是“熏正修”；
这就是“立正意”。
……

比如，我们的身心都下意识地喜欢追逐好看的、好听的、好嗅的、好吃的、好摸的、好玩的，这里既有生理机能的身驱动，也有心理机能的心驱动，既源于动物本能，也源于人性习染，所以才会“身不由己、心意荡漾”。

首先，需要对治的是心驱动，指向的目标是“味如嚼蜡”，就像大修行人吃饭，无论吃到的是山珍海味，还是谷糠野菜，到嘴巴里都是一样的淡然无味，没有美味和恶味的分别。

然后，要对治的是身驱动，指向的目标是“精满不思淫，气满不思食，神满不思睡”，运行的机理就是“疏满导势，百川归海”，就像大修行人餐风饮露，却精神饱满，行走时健步如飞，登山时如履平地。

当然，对治如同“挑石登泰山”——谈何容易，仅仅认知到了还不够，即使实修也大多徒劳枉费，因为单一的法门难以立竿见影，身心修证的配合需要见地、修证和行愿的共同支撑，才能真正有功效。

……

所以，我们不必因为自己的起心动念仍有私心尘染而妄自菲薄，直面问题、迎难而上才是应该有的态度，毕竟“在欲行禅知见力，火中生莲终不坏”。

当然，“如理实践，略有功效”。比如，能够“简欲薄爱”或“云淡风轻”，都千万不可自满自宽或停步不前。无论如何都须谨记：“尘根不断”如“蒸砂做饭”，修而无果，证而不得，而且势必堕入苦海翻腾，无尽往复。

……

只有时时向内省照，

在起心动念之初就“知妄即离”，
才能打开遮蔽，消除习染，
这就是道家的“修心炼性”，释家的“明心见性”，儒家的“存心养性”，
……

昨日东流水，任凭悲喜嗟；
烟雨去尘染，扬帆从头再。

九转还丹：亢龙有悔微如尘

（小跋）

九转还丹，第一转就是转念。

我们在充满竞争的生态圈层和社会界别中生存和成长，在有限社会资源的争夺中，在利益最大化的驱动下，难免形成各种歧视链条的分别心，甚至养成自赞毁他的恶染习气。

所以，林则徐写下"十无益"训诫后人：
存心不善，风水无益；
行止不端，读书无益；
心高气傲，博学无益；
不惜元气，医药无益；
妄取人财，布施无益；
淫恶肆欲，阴骘无益；
……

回头看看无数往圣先贤的人生实践，尤其是身心修养的境界，无论是儒学儒行，还是道学道行，或是释学释行……都在践行"自立立人、自利利他"的天地大道，再反观自己的心高气傲、精致利己、自赞毁他、颐指气使、贪权逐利、欲壑难填、患得患失、斤斤计较、投机取巧、怨天尤人、嗔怒痴怨、妄念纷飞……不禁慨之愧然。

憨山大师读了《庄子》后说"天地蜩双翼，乾坤马一毛"；

转念方知微如尘，只有当我们真正意识到自己微如尘埃、渺似蝼蚁、轻如鸿毛，才能足履实地地踏上“转念”之路。

……

就像亢龙为何有悔?

很多人都认为《周易》乾卦上九爻“亢龙有悔”的爻辞，是盛极而衰，败亡之兆。

然而，并非这么简单，显义中往往蕴藏密意。

如果亢龙有悔的关键词在“悔”字，那么，反而是“朽木生花、脱胎换骨、革故鼎新、除旧迎新”的表现。

老子说“死而不亡则寿”，朽骨重肉，枯木发芽，才是天地间的大智慧，所以说“沉舟侧畔千帆过，病树前头万木春”。

……

当然，“悔”仅仅是重生的起点、转变的开端，所有生命演化都不可能一蹴而就，需要一个过程：

从知悔转念，到决意转头，再到毅然转身，再到尾随身转，再到心随念转，历经“转念、转头、转肩、转手、转腰、转腿、转身、转行、转心”，可谓“摇头摆尾，再获新生”。这一过程中既要精进不已，也要戒骄戒躁，否则，很容易前功尽弃。

有人止于转念，在“知易行难”中身心背离，在“冰火两重天”中狂斗乱舞，就像真假孙悟空在心中打架，一团乱麻。

有人止于转头，言行不一，说一套、做一套，身首长期分离，于是在“知行分离”、狂见枯观中痴执沉沦。

……

知忏知悔，是起点；

修忏修悔，是过程；

身心转变，是效果。

“自立立人，自觉觉他”，才是我们修证的目标。

自画像：阿谁是谁

（小记）

丛林茫茫隐渺士
天地悠悠小道僮
穿着人字拖
拎着老油条
一个在生活中修心的普通人
在生活的实证实修中
探索生命的意义
以心性修养为锅碗瓢盆
以儒释道义理为酱醋茶
以传统文化为柴米油盐
以人生解读经典
以修证参悟大道

少拙愚钝不解世
精究研闯枉费功
半生愚痴偏执苦
鬓白不觉黄粱中
罄惊汗醒忆平生
一念万变芒鞋行

妄狂嗔慢终枯落
风歇雨停嚼清风
归隐市井修寂寥

布衣茅屋除空顽
微如恒沙无名姓
轻似尘埃唤阿谁

绝学无为闲道人
不除妄想不求真
但开风气不为师
行方行脚亦行愿
一个永远在路上的行脚人
一个无门无户无界无别的求证者
……

之所以叫“阿谁”
因为修的是无我法
行走在世间的目的
不是成就自己
而是成就世人
……

几近知天命，再望三十年，不过转瞬
绝学需真行，专注一件事，方得始终
别问我是谁
阿谁是我，阿谁是你
阿谁是迷茫的世人

阿谁是求索的众生
阿谁是无名的微尘
阿谁是修证中的你我他
为天地立心，你就是阿谁
为往圣继绝学，你也是阿谁
……

历经风霜的人类智慧，需要时间和沉淀，如果过于急功近利，则无法接近身心修养的湛寂智慧，蓦然回首，博大的中华传统文化，恰在灯火阑珊处……不仅究竟透彻，而且洞彻心扉、无上清凉，不仅解决了百思不得其解的心结，而且照亮了累世万劫的生灭之路。

孔明诫子：以书归心可登船

（小嘱）

如果人类是按照趋利避害来进化的，必然在进化的过程中也存在退化，因为利中有害、害中有利，趋利避害的结果必然是在进化中退化，在退化中进化，因为，这样才符合“一阴一阳之谓道”。

那么，在人类进化的过程中，是什么退化了呢?
是对天地大道的修证退化了，因为我们活得越来越精致利己，越来越没有家国情怀，越来越没有责任担当，越来越没有文化传承，既谈不上“以天下人之心为心，以众生之体为体”，也谈不上“无私无我，无身无取”，更别提“悲智双运、定慧等持、空有双融、人法俱空”了。

现代社会的“依文解意”式教育，大多会把大道心法作为语文知识来对待。比如诸葛亮《诫子书》中的“静以修身，俭以养德”，我们大多止步于了解或释义，在日常生活中，仍然是“该静不静，该俭不俭，该吃还吃，该喝还喝”。

然而，往圣先贤却怀着恭敬之心参学求证，实实在在地践行“以静修身，以俭养德”，所以南通张謇说“每日菜蔬一腥一荤已不为薄”。只有我们共同培育这样的成长氛围，子孙后代才有可能在“省己修身”中通达大道心法，未来的中国才有可能高士辈出。

……

书是船，而非彼岸。

无论是诸葛孔明的《诫子书》，还是无名阿谁的这本《柔软的心》，都只是一艘船而已。

礼以载道、诗以载道、文以载道、器以载道、言以载道、书以载道……没有了“道”，礼就变成了恶俗，诗就变成了酸腐，文就变成了庸脂，器就变成了俗物，言就变成了空话，书就变成了废纸。

所以，张载说“为天地立心，为生民立命，为往圣继绝学，为万世开太平”。

所以，不论是一分钟的唇舌，还是一本书的传递，都希望能够通过“道”的天地籁音，给读者带来实实在在的功效，用大道心法照亮人生的旅途，当然更希望能够藉此把中国传统文化的根脉留住。

然而，我们大多在无奈的现实生活中忙忙碌碌，在物欲尘染中颠沛沉沦，能够参求大道的人总是少数，能够以礼觅道、以诗参道、以文悟道、以器证道、以言解道，以书学道的人，就更少了。

天地间的大道心法，如果还是被我们作为语文知识或文化通识来对待，恐怕永远难得其精髓，因为慢心就是我们认知世界的遮障。

……

“形而上者谓之道，形而下者谓之器。”所以，书若成船，必先载道。

因此，这本小书，无论文字风格，还是表达方式，或是设计排版，都遵照老子“见素抱朴，少思寡欲，绝学无忧”的谆谆教诲。内容简短，语言精练，所有文辞典章、譬喻引证都只是渡河之船，希望大家在行船的过程中，能够将大道心法的奥理妙义传递下去，传给下一代，以书为船，驶向彼岸。

……

净洗浓妆为阿谁，子规声里劝人归；百花落尽啼无尽，更向乱峰深处啼。

只有作者认真，读者才会认真。

传播传统文化精神是我余生的工作，以文化人必须非常愿意深入生活实际，乃至读者的心中，包括答疑解惑。但是，我在回答读者问题时却往往不知从何答起，因为“一树生百枝，百枝发千叶”，更何况世间百态、草木万千，只有信息充分到一定程度，才能针对枝叶的当下情况，作出审慎的分析和判断。

所以，出版这本书，仅仅是传播文化精神的其中一步，未来还将陆续推出系列丛书，在机缘和条件具备的情况下，也将开启线下见面交流，以及线上语音答疑。有需要的朋友们关注“阿谁谁经史国学”抖音账号即可互动，希望在充分交流的前提下，发挥传统文化的巨大力量，为大家提供实实在在的帮助。

西游唐僧肉：借假修真探心意

（小问）

如果有一种肉，吃了可以长生不老，你会吃吗?

相信大多数人，不会考虑太多，先吃掉！长生不老再说！而不会选择保护这块肉去西天取经……甚至，还会有人选择吃一部分卖一部分，既能长生不老，还能财务自由，尽享人间富贵。

可见，大多数人，都有妖魔鬼怪的属性。

因此，我们大多把自己想得太好了，稍稍遇到点儿不公平的事情，就觉得受了天大的委屈，叫嚣着“人善被人欺”；遇到点儿挫折、磨难和不幸，就望天长叹“好人没好报”。实际上的我们：
真的有那么善吗?
确实有那么好吗?
果真没耍过赖吗?
看实没干过昧良心的事儿吗?
当真没干过背信弃义、过河拆桥、利令智昏、卸磨杀驴、以怨报德、倒打一耙、混淆是非、贼喊捉贼、忘恩负义、翻脸无情的事儿吗?
……

这本小书，表面上博览泛观、穿古据今、旁征博引、泼墨挥洒，其实拢共只讲了三个字——观、自、在；换言之，“行有不得，反求诸己”。如果深悟此理并能“时时内观，秒秒辨妄”，那就是“上道”了。

有意思的是，在中国古典小说中，既能穿透中国传统文化根脉，又能贯穿每个人的心路历程，还能用来解析儒、释、道智慧和义理的，恐怕就是《西游记》了。

虽然，相对于唐玄奘的《大唐西域记》,《西游记》显得玄幻奇诡，甚至荒诞无稽，但是，我们自以为真实的世界，又何尝不是内心境相的投射？又何尝不是充斥着颠倒妄想和痴执疯魔？更何况，只有“借假修真、借妄修真、借尘修真、借魔修真”，才能在心性修养的八卦炉火中练就火眼金睛。

……

“宁向西天一步死，不愿东土一步生”。玄奘西行，历时十余年，行程数万里，带回几百部经典，回国后受到盛大欢迎，唐太宗李世民还让房玄龄组建团队，协助玄奘翻译经典，翻译了《瑜伽师地论》《心经》《金刚经》《大般若经》等 70 多部经典。为此,玄奘也成为中国“法相唯识宗”创始人,心理、生理、哲学、逻辑各种精神观察法尽在其中。虽然其作为宗派传承已日渐衰落，但是，严谨缜密的“唯识法相学”已根植在我们中国传统文化的血脉之中。

……

万物皆有一阴一阳，教化亦是有开有遮，如果说《大唐西域记》

和《瑜伽师地论》是“开法”，那么《西游记》就是为了使教化更广泛传播而为世人留下的“遮法”，让我们在嬉笑怒骂中受到中国传统儒释道文化的洗礼和熏陶。
遗憾的是，很多人仅仅是痴迷于其神奇的魔力、玄幻的故事、权诈的争斗，并未在向内观照的过程中开启心智的力量。

当年，玄奘为赴印度那烂陀求学，不畏千难万险，不到 30 岁便踏上西行之路……在印度苦苦等待这位东土大唐留学生的戒贤大长老已经 106 岁，见到玄奘时泣不成声……这艰难险阻的“心路历程”，又何尝不是《西游记》的投射呢？无论是孙悟空、猪八戒、沙和尚、白龙马，还是一路上遇到的妖魔鬼怪和天人仙佛，又何尝不代表着玄奘的内心活动，乃至心性修证过程中的煎熬、挣扎、警醒、坚持、精进和破茧成蝶呢？

老子说“有无相生，前后相随”。妖魔鬼怪、天人仙佛，所有这一切，都生于我们自己心中，也灭于我们自己心中，只有“不执无，不执有”，才能懂得“非常非断”的奥义，才能明白“不生不灭”的道理。

悟彻了这个大道心法，再看《西游记》，就别有一番滋味在心头了。

所以，
“借假修真，玄说正解”，就是我捉笔成书的初心大义。

……

回溯现实世界和几千年历史，往圣先贤的人生，又有哪个不是一部西游呢？

曾参 16 岁就拜孔子为师，成长于春秋战国之际，亲眼看着诸侯争霸、遍地狼烟、文化堕落、道德衰败、君臣相忌、父子相害、兄弟相残……新兴诸侯们既不懂“内圣外王”，更不懂“亲民”，于是把平生所学，执笔成文，写下了《大学》。

于是，才有我们今天看到的“大学之道，在明明德，在亲民，在止于至善”的三纲，才有了“知、止、定、静、安、虑、得”的七证心法，才有了“格物、致知、诚意、正心、修身、齐家、治国、平天下”的八目。

当年，孔子评价曾子“参也鲁”。在孔子眼里，曾子是质朴、诚实之人，这不就是一心求索学道的孙悟空吗？这不就是一心西行的“玄奘精神”吗？

孔子临终前，托孤于曾参，这个孤儿就是孔伋，字子思，孔子的孙子。他学习曾子传授的孔门心法并勤于实践，写下了《中庸》，流传后世。不仅如此，孔伋还有个再传弟子，也就是学生的学生，叫孟轲，也就是孟子。

承袭了儒家道统的曾子把凝聚千古智慧的七证心法传于后世，

这才有了后世儒学儒行。可惜，七证心法也像玄奘的“法相唯识宗”一样，日渐衰落。

如有机会，我想以“西游”和“七证心法”为主题，再次捉笔成书，纵然“书不尽言，言不尽意，意不尽心”，至少也让“西游”成为认知世界、认知自我、认知自心的契入口，让“七证心法”成为在生活中修心养性的绳墨……

只是，不知道，是否有人愿意看呢?

图书在版编目（CIP）数据

柔软的心：内省的世界 / 阿谁著 . -- 北京：当代世界出版社，2022.6

ISBN 978-7-5090-1669-5

Ⅰ . ①柔… Ⅱ . ①阿… Ⅲ . ①内省 - 通俗读物 Ⅳ . ① B841.5-49

中国版本图书馆 CIP 数据核字 (2022) 第 106082 号

书　　名：柔软的心：内省的世界
出 品 人：丁　云
责任编辑：刘娟娟　魏银萍　姜松秀　徐嘉璐
整体设计：袁银昌
设计排版：上海袁银昌平面设计工作室　李　静

出　　版：当代世界出版社
地　　址：北京市地安门东大街 70-9
邮　　编：100009
邮　　箱：ddsjchubanshe@163.com
编务电话：（010）83907528
印　　刷：北京新华印刷有限公司
开　　本：787 毫米 *1092 毫米 1/20
印　　张：17
字　　数：229 千字
版　　次：2022 年 6 月第 1 版
印　　次：2022 年 6 月第 1 次
书　　号：ISBN 978-7-5090-1669-5
定　　价：69.00 元